地球神秘现象

DIQIU SHENMI XIANXIANG

才学世界 主编：崔钟雷

U0320522

吉林美术出版社｜全国百佳图书出版单位

图书在版编目（CIP）数据

地球神秘现象／崔钟雷主编 . —长春：吉林美术
出版社，2010.7（2022.9 重印）
（才学世界）
ISBN 978 – 7 – 5386 – 4465 – 4

Ⅰ.①地…　Ⅱ.①崔…　Ⅲ.①地球科学 – 普及读物
Ⅳ.①P – 49

中国版本图书馆 CIP 数据核字（2010）第 127139 号

地球神秘现象
DIQIU SHENMI XIANXIANG

主　　编	崔钟雷	
副 主 编	于晓蕊　刘志远	
出 版 人	赵国强	
责任编辑	栾　云	
开　　本	787mm×1092mm　1/16	
字　　数	120 千字	
印　　张	9	
版　　次	2010 年 7 月第 1 版	
印　　次	2022 年 9 月第 4 次印刷	

出版发行　吉林美术出版社
地　　址　长春市净月开发区福祉大路5788号
　　　　　邮编：130118
网　　址　www.jlmspress.com
印　　刷　北京一鑫印务有限责任公司

ISBN 978 – 7 – 5386 – 4465 – 4　　定价：38.00 元

前 言
foreword

　　循着哥伦布的脚步，人类发现了新大陆；随着麦哲伦的船帆，人类进行了历史上第一次环球航行；郑和的七下西洋，让人们知道了在世界的东方有这样一个文明大国巍然屹立；南极的艰苦探索，承载了人类对未知地理景观探索发现的渴望。

　　前人每一次在地理上的探索和追寻，胸中都怀着一个发现真理的梦想，饱含着急于揭开谜底的渴望。作为后来者的我们，在慨叹祖先探索的意志和勇气的同时，仍然没有停下脚步，因为有太多的地球未解难题，像一块巨大的磁石一样摆在我们的面前，吸引着我们踏上旅程。我们遇到了太多不论是常识还是科学都无法解释的地理现象，科学家对此也是百思不得其解。难道真的要把这一切都归于上帝的安排吗？随着科学的不断发展，自然界的一层层神秘的面纱也即将被人类揭开！

　　是什么力量使旋转岛一直旋转不停？巨大岛怎么会使人迅速长高呢？科学家对圣泉治病的原因做出种种推测，哪一种才是最合理的？已经是世界高峰的珠穆朗玛峰还会"长高"吗？是什么原因使它"长高"的呢……这些问题，激发着我们的好奇心，同时也挑战着我们人类智慧的极限。

　　本书从世界六大洲的地理奇谜入手，全面介绍了世界各地的各种地理状况，通过大量的实物图片，给读者展示了中外地理文化中记载和流传的震撼人心的未解之谜与神奇现象。由衷地希望这本书会为读者的探索之旅增加无限的乐趣。

编　者

目录

欧 洲

CONTENTS

非 洲

大洋洲

地球神秘现象

DIQIU SHENMI XIANXIANG

亚　洲

神秘现象

神秘的喜马拉雅

巍峨的喜马拉雅山脉终年白雪皑皑、云遮雾绕。千年以来它一直被人们尊为圣山，然而它是如何出现的呢？它已经巍然屹立了多少个世纪呢？在喜马拉雅山上发现的海洋动植物化石是否暗示它与海洋的神秘关联呢？一切谜团，都有待人们破解。

喜马拉雅山脉是传说中"众神的住所"。这里有世界最高的珠穆朗玛峰，又称圣母峰或埃维勒峰，也就是尼泊尔人所谓的萨嘉玛莎，即"海之崖"的意思。

喜马拉雅山脉西起帕米尔高原，东到雅鲁藏布江大拐弯处，东西长约 2 400 千米、南北宽约 200—300 千米，平均海拔 6 200 米，是世界上海拔最高的山脉。"喜马拉雅"一词源自梵文，原意为"雪的家乡"。整座山脉海拔很高，终年被积雪所覆盖，其中海拔 7 000 米以上的高峰有四十多座。位于中国和南部邻国交界处的是喜马拉雅山脉的主脉，宽 50—90 千米，有 10 座 8 000 米以上的山峰耸立在这里。各山峰的高度平均超过 5 791 米。喜马拉雅山脉十分庞大，完全可以把欧洲的整个阿尔卑斯山脉围在正中。此外，喜马拉雅山脉和喀喇昆仑山共有五百多个高过 6 096 米的山峰。其中一百多个超过 7 315 米。世界第一高峰珠穆朗玛峰海拔 8 844.43 米，如同一座美丽的金字塔雄踞在喜马拉雅山的中段。

喜马拉雅的形成

这么庞大的山脉，到底是怎么形成的呢？

想弄清楚这个问题可不是一件容易的事情。在恶劣的气候环境、各种地质变化因时因地各不相同、缺乏可以证明年代的化石、岩石构造混淆不清等情况下，探索远古地壳变化的历程，几乎成了一个不可能完成的任务。

地质学家已经达成共识的是：从阿尔卑斯山脉到东南亚各大山脉的欧亚大陆山系（包括喜马拉雅山脉），都是在过去 65 000 年间达到

最高点的一种力量所造成。这些山脉都是因地壳的强烈运动而产生的，地壳隆起将一个古代深海海沟里极厚的沉积岩层推出海面，这个海沟即地质学家所说的"古地中海"。这种庞大的使山脉隆起的力量是如何产生的呢？德国地质学家魏格纳认为力量来自大陆漂移，这一观点得到了大多数地质学家的认同。

地质学家认为地球上的岩石圈分成若干大块，叫作板块。这些板块并非固定不动，而是可以漂移的，就像悬浮在地幔软流层上的"木筏"。按照这种学说，亚洲大陆是一个板块，南亚次大陆也是一个板块。距今大约三千万年前，南边印度洋地幔下软流层的活动引起洋底扩张，南亚次大陆板块开始北移，直到和亚洲大陆板块相遇。处在这两大板块之间的喜马拉雅古海受挤而被猛烈抬升，于是沧海变成了高山。在地质历史上，这次强烈的造山运动，就叫喜马拉雅造山运动。

人们不敢确切地说喜马拉雅山脉是否还在缓慢上升，测量技术还没有那么精确。但我们可以确信地壳一直在运动。喜马拉雅山脉地区及恒河盆地的剧烈地震证明了这一点。

世界最高峰

在神话传说中，珠穆朗玛峰是长寿五天女居住的宫室。珠穆朗玛峰终年积雪，是世界第一高峰。珠穆朗玛峰是一条近似于东西走向的弧形山，峰体呈金字塔形，在 100 千米之外就清晰可见，给人以庄严、肃穆的感觉。珠穆朗玛峰山顶的冰川面积达 10 000 平方千米，雪线（4 500—6 000 米）呈北高南低的走势。峡谷中有几条大冰川，其中东、西和中绒布三大冰川汇合而成的绒布冰川最为著名。珠穆朗玛峰自然条件异常复杂、气候恶劣、地形险峻，南坡降水丰富，1 000 米以下为热带季雨林，1 000—2 000 米为亚热带常绿林，2 000 米以上为温带森林，海拔 4 500 米以上为高山草甸。北坡主要为高山草甸，4 100 米以下的河谷有森林及灌木。山间有孔雀、长臂猿、藏熊、雪豹等珍禽奇兽及多种矿藏。

珠穆朗玛峰以其"世界第一"的名号，吸引着世界各国的登山探险者。从 18 世纪开始，就陆续有不同国家的探险家、登山队试图征服珠穆朗玛峰，但直到 20 世纪 50 年代以后，才有人从南坡成功登上珠穆朗玛峰。英国的探险家在 1921 年—1938 年先后 7 次试图从北坡攀登珠峰，都遭受了失败，有人还为此失去了生命。北坡被称作"不可攀缘的路线""死亡的路线"。地质学家诺尔·欧德尔从艰险的北面峰曾经爬上过约8 230米，首次发现珠穆朗玛峰的金字塔形峰顶的构成成分是带有古地中海化石的石灰岩，年代已有3.5亿年。

人们登山探险时，通常需要在桑伯奇喇嘛寺院休息几天以使身体适应高原气候。等到各种高山病症消除后，再继续前进。攀上4 572米高处，登山队员便进入只有风雪冰石的环境中。登山队员沿着天然的冰川大路向上攀登，在许多巨大的冰柱脚下通过。这种怪异的冰柱，是在冰川融解与蒸发下形成的，有时高出冰川约26米。昆布冰川源于一个大"冰斗"，是在地质结构中较脆弱的部分长时间遭受侵蚀而形成的。这个冰斗是个圆形峡谷，由珠穆朗玛峰、罗孜峰及纽布孜峰三座山峰环抱而成，英国人称它为"西方冰斗"。昆布冰川在6 096米高处从冰斗泻下，形成约610米的冰瀑，每天约移动0.9米。

大多数登山者通常会在冰斗下面大约5 486米的地方扎营，这基本是健康人能够长时间适应的高度极限。这里的大气压仅是海平面的1/2，在珠穆朗玛峰峰顶则仅及1/3。在海拔5 486米以上，由于缺氧，人很容易就会出现疲倦、体重减轻、体能减弱等现象，再加上严寒和烈风，这些都是攀登时的主要困难。

瑞士人将西方冰斗叫作"寂静谷"。这个名字并不太贴切，山侧确实可以避风，但绝非寂静无声。夜晚的时候，峰顶剧烈的风声和雪崩造成的隆隆声，交织成奇怪的声音，使人难以入睡。到约7 010米的高处时，人们开始需要使用氧气瓶。如果克服不了缺氧的困难，就会对生命造成威胁。此时继续前行，登山队员们的鞋底就会刮到黄褐色的岩石。这里称为黄岩带，是珠穆朗玛峰上古地中海沉积物的一种界标。这里已经不适合人类长时间停驻了。

当登上珠穆朗玛峰最高点的时候，登山队员一路的疲惫突然显得微不足道，因为景色实在是太美、太宏大了：向北望去是紫褐色辽阔的青藏高原，向南望去则是"雪的家乡"。远处，一片薄雾笼罩之下的是印度平原。看见这样的景色，所能做的，只剩下感慨自然的伟大和人类的渺小了。

神秘现象
格筛龙潭之谜

　　大自然中有许多神秘的现象是令人非常费解的：也许有些沙漠中会存在一抹清泉；还有些泉水会招蜂引蝶；甚至有些潭水会定时鸣响，奏出各种悦耳的乐器声……

　　在我国贵州省长顺县睦乡简南村摆拱上院有一处神奇的格筛龙潭，潭水犹如一座巨型"闹钟"，一年中要鸣响两次，有时会一年中鸣响一次或相隔两年响一次。潭水鸣响的声音悦耳动听，有锣鼓声、木鱼声、笛声、唢呐声和月琴声等等，而且响起来具有极强的节奏感，宛如优美的交响乐曲，令游客们为之流连忘返。格筛龙潭每响一次，持续时间多则 5 天，少则 3 天，然后就会下五天六夜的瓢泼大雨，致使洪水暴发，常常淹没大片良田。这种预兆十分神奇准确，当地群众称这处潭水为"气象台"。格筛龙潭为什么会定时鸣响，而且紧接其后的就是连日阴雨呢？迄今为止还没有人能够揭开这一现象中深隐的奥秘。

神秘现象

乐山巨佛之谜

"山是一尊佛，佛是一座山。率领群峰来，挺立大江边。"这是诗人们对乐山大佛的赞叹。然而有人却在那里发现了佛中有佛的奇景，并将其称为乐山巨佛。到底大佛与巨佛存在怎样的联系呢？大佛又为何选在栖鸾峰呢？这些谜团可能会在不久的将来被解开。

1989年5月11日，广东省顺德县冲鹤乡一位姓潘的62岁老人正在兴致勃勃地游览乐山名胜。当他乘船返回时，偶然回首对岸古塔，塔的周围正搭架重修。此时天气晴朗，山水云天颇具画意。他举起照相机，拍了一张风景照。5月25日，返回家中的潘老在朋友们的索要

下，将照片拿出来看，友人们大加赞赏。潘老也在一旁欣赏，突然他感到照片中的山形恰如一名仰卧的健壮男子，细看头部，更是眉目传神。老人兴奋不已，示以众人，无不称奇。照片一传十，十传百，前前后后共有五百多人来观看，观者无不惊呼："这才是真正的乐山巨佛！"

三座大山组成的大佛

潘老将此照片印制多份，寄往有关部门。一天，在四川省文化厅工作的一位姓甘的工作人员收到了潘老拍摄的乐山巨佛照片。这位从事文化事业几十年的老同志，手执照片，禁不住叫出声来："这的的确

确是一尊巨佛呀!"从照片上看去，确实有一尊巨佛平静地躺在江面上。

甘同志将收到的巨佛照片即刻送到周厅长处，厅长立即决定派人进行实地考察。一支由甘同志等人组成的乐山巨佛考察队出发了。考察队首先向潘老询问了拍照的时间、地点，及当时的情景。经过一个月的实地考察，最后终于在名叫"福全门"的地方照下了巨佛的身影。考察人员说，只有福全门才是最佳的观赏地点。从福全门处举目望去，仰卧在江畔巨佛的魁梧身躯清晰可见。那形态逼真的佛头、佛身、佛足，分别由乌尤山、凌云山和龟城山三座山连接构成。

仔细观察佛头，就是整座乌尤山，其山石、翠竹、亭阁、寺庙，加上山径与林木，呈现出巨佛的卷卷发鬓、饱满的前额、长长的睫毛、平直的鼻梁、微启的双唇、刚毅的下颌，看上去栩栩如生。

再观察佛身，是巍巍的凌云山，有九峰相连，宛如巨佛宽厚的胸膛、浑圆的腰脊、健美的腿胯。

远眺佛足，实际上是苍茫的龟城山的一部分，其山峰恰似巨佛翘起的脚板，好似顶天立地的"擎天柱"，显示着巨佛的无穷神力。

佛中之佛

然而，更令人称奇的是，那座天下闻名的乐山巨佛恰恰耸立在仰卧巨佛的胸部。这尊世界最高、最大的石刻坐佛身高71米，安坐于巨佛前胸，正应了佛教所谓"心中有佛""心即是佛"的禅语。这是否是乐山巨佛所暗示的玄机呢？

乐山巨佛作为四川旅游的重要景观已吸引了众多游客前来观看。那么，它是怎么形成的呢？这是它留给世人的一个谜。现在有一种推断：据《史记·河渠书》记载："蜀守冰凿离堆，辟沫水之害。""冰"即为李冰，是中国古代著名的水利工程师，也是都江堰的创建者，"离堆"就是乌尤山。到了唐代，僧人惠净为乌尤山立下这样的法规：任何人不得随意挪动和砍伐乌尤山的一石、一草、一木。代代僧众都视此信条为神圣不可违犯的法规，因而才保证了乌尤山林木繁茂，四季常青，人们才可能看到形态如此逼真的巨佛。

据研究乐山的专家们介绍，迄今为止还没有发现和听说关于巨佛的文字记载和民间传说。那么，巨佛是纯属山形地貌的巧合吗？但为何在佛体全身，人工的刀迹斧痕比比皆是呢？为什么在一千两百多年前的唐代开元年间，海通法师劈山雕凿乐山大佛时却偏偏选中了凌云山的栖鸾峰，并雕在巨佛心胸处呢？

如今，到乐山观光赏佛的游人络绎不绝。不仅国内游人如此，许多国外游人也慕名而来，尤其是考古者更是兴致勃勃。或许，在不久的将来，人们就能解开巨佛之谜吧！

神秘现象

印度"圣河"之谜

发源于喜马拉雅山山脚的恒河孕育了辉煌灿烂的印度文明，是印度的象征。如今，它虽污染加重，但在印度教徒们的眼中，恒河水仍是最圣洁的甘露，他们认为只有圣洁的恒河才能洗净虔诚的朝圣者充满世俗罪孽的灵魂，并使之得到拯救。因此恒河有"圣河"之称。

备受瞩目的圣河

恒河被看作是净化女神的化身。她原先在天国中流淌，帕吉勒塔国王为了净化祖先的骨灰，将她带到人间。她如果直接落下，会冲走地上的人类，为了将洪水分流，她首先在湿婆的头顶落下，然后顺着她纷乱的头发化作涓涓细流。现在，每年都有朝圣者不辞劳苦，长途跋涉来到恒河，有的拖着病体，有的奄奄一息，都希望喝了恒河水，在圣水中沐浴之后，能洗净自己的罪孽。

恒河源流

恒河的源流从喜马拉雅山山脚冰洞中流出，在阳光下闪闪发光。这是印度最神圣的河，被称为帕吉勒提河。这条活力充沛的河流穿过加瓦尔山间的一个深谷，流经茂密的松树林、散发芳香的雪松林和鲜红的杜鹃花丛，来到代沃布勒亚格城。

巍然耸立的悬崖下，帕吉勒提河汹涌的河水与平静的阿勒格嫩达河水交汇，形成真正的恒河，以更庄严的姿态流向赫尔德瓦尔城。这是恒河流经的最神圣的地域之一。每年春天，会有超过 10 万印度教徒在此庆祝恒河诞生。他们用各种仪式来欢庆，祭祀活动众多，仪式也颇为独特。

"治病"河

恒河只不过是一条普通的河流，宗教原因的加入增加了其神秘性。但恒河水治愈疾病的案例却屡见不鲜。这其中的真正原因到现在还是一个未解之谜，科学家正在努力探索。

神秘现象

马特利之火

水火无情，人们对水和火总是莫名地敬畏，而如果这二者再披上神秘的面纱，就更让人心惊胆战了。在沙特阿拉伯就曾发生过这种"无名之火"的现象，在没有任何外部因素的作用之下，大火会莫名而起，对于这种奇异的现象，人们给了它一个专有的名字，称其为"马特利现象"。

"无名之火"

沙特阿拉伯西部腹地有一个叫哈迪的小村子，村民拉西德·马特利有一间用羊毛做成的小毡房。有一年刚刚过完开斋节，一天中午，拉西德·马特利的那间毡房不明原因地突然起火。他和妻子急忙把火扑灭。当时，他并没有把这次"偶然"事故放在心上。

可没想到，第二天，他家的另一间房子也无缘无故地着起了大火。他和妻子又急忙把大火扑灭了。可这一回，拉西德·马特利的心里有点慌了神："我家怎么总是发生火灾呀！"随即他报告了村长，村长听了也感到很纳闷，就和拉西德·马特利一块儿来到他的家中。村长朝周围看了看，刚要说话，拉西德·马特利家的房子又燃起了熊熊大火。这回的火势特别凶猛，大火怎么扑也扑不灭。结果，拉西德·马特利家的三间房子全部被烧成了灰烬。村长又赶紧报告了哈迪亲王府。可哈迪亲王府派出的调查组也查不出起火的原因。

拉西德·马特利无奈地带着一家人搬到了距离哈迪村 30 千米远的哈斯渥。他找了一块平整的地方，动手搭起了两顶帐篷，住了下来。奇怪的是，当他收拾好东西，刚想和妻子、女儿进帐篷去休息时，那帐篷突然之间又着了火。更加奇怪的是，他放在汽车里的一件衣服也跟着着起火来。科学家们知道后，纷纷前来研究。可他们观察了好长时间，还是说不清楚是怎么回事。后来，人们就把这种奇怪的燃烧现象称为"马特利现象"。到目前为止，这种神秘的火灾起因仍未被找到，科学家还在探索之中。

神秘现象

"生命之泉"之谜

位于约旦的帕木克堡被人们形象地称为"棉垛城堡"。这是因为帕木克堡的梯壁和阶地看上去好像棉花的白色绒毛一般。据当地人传说，古代的巨人曾经在这一片梯形阶地上晾晒所收获的棉花。远远望去，成团的"棉絮"惹人喜爱，让人忍不住想伸手去触摸……

喀斯特地貌

帕木克堡的梯壁、阶地和钟乳石分布范围约有 2.5 千米长、0.5 千米宽，它们是附近高原上喷出的火山温泉的杰作。雨水溶解了岩石里的石灰和其他矿物质后，渗入地下成为泉水。泉水从高原边缘向下流淌时，便把这些矿物质带出来沉积在山石上。日积月累，凡是泉水流过的地方都包上了一层石灰质，逐渐形成了闪光的白色梯壁和钟乳石。

泉水医疗术

千百年来，富含矿物质的温泉一直享有"圣水"的美誉。据说温泉可以减轻和治愈风湿病、高血压和心脏病等多种疾病。

泉水的治病功效至少在几千年前就已经闻名遐迩了。据说，国王尤曼尼斯二世曾在喷泉的高原上兴建了希拉波利斯城。希拉是该国创

始人特利夫斯的妻子，因此尤曼尼斯二世便用她的名字为此城命名。

温泉之都

公元前 129 年，希拉波利斯城成为罗马帝国的领土，它被罗马几位皇帝选为浴场，其中就有著名的尼禄和哈德良。在尼禄统治期间，该城毁于地震。于是政府又建了一座新城，规模更大、更壮观，有宽阔的街道、剧院、公共浴场，还有用管道供应温水的住宅。

到了公元 2 世纪，城中又建造了有不同温度浴室的澡堂。洗澡的人先在冷水浴室里洗，接着到中温浴室往身上涂油，最后到高温和蒸气浴室，用一种叫作擦身器的刮板把身上的油脂和污垢刮去。浴场还有一座小博物馆，里面陈列着精美的雕塑。考古学家还在有的浴室中发掘出医疗用具和珠宝。

冥王殿

冥王殿是帕木克堡的特色建筑。冥王殿与太阳、音乐、诗歌和医药之神阿波罗的神殿相邻。两殿毗邻而建的用意是为了使冥王的黑暗与阿波罗神的光明力量互相抵消。冥王的黑暗力量似乎十分可怕，因为从冥王殿的一个岩洞里常常冒出一股毒气。据希腊地理学家和历史学家斯特雷波说，这种毒气足以使一头公牛顷刻毙命。相传，毒气与恶鬼相伴。这种毒气究竟从何处而来，到目前为止还是未解之谜。

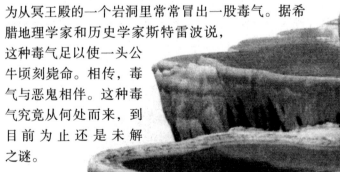

神秘现象

印度奇石

　　大自然蕴含着无尽的神奇能量，如能够变换颜色的泉水，能够散发芬芳气息的奇异地带，还有可以自动演奏悦耳弦乐的沙土……然而，你知道有的石头竟然能够不凭借外力而自动升降吗？当你呼唤某人的名字时，石头会随着喊声而飘然上升……

　　石头能不凭借外力自动升降吗？一个人的名字真的有如此大的力量让石头飘然上升吗？

　　据说，在印度马哈拉施特拉邦，有一座名叫"希沃布里"的小村庄。村里有一座安葬着宗教圣徒卡玛·阿利·达尔凡老人遗体的祠庙。令人称奇的是，祠庙门口的两块岩石竟可以随着人们呼喊卡玛·阿利·达尔凡的名字而飘然升到空中。这两块彼此贴得很近的岩石，只允许男人接近，女人是不能靠近它们的。两块岩石中，大的一块约重七十千克，另一块略轻。如果很多人用右手的手指指着岩石，并异口同声不间断地喊着"卡玛·阿利·达尔凡"，岩石便会马上上升到约两米的高度，直到喊声结束时才会落回到地面上，若不按这个过程来做，岩石是不会腾空而起的。

　　考古学家马克·鲍尔弗去希沃布里村时，为了证实这件奇事，亲自加入呼喊的人群中，岩石果然从原地飘起，升入了空中，随后"啪"的一声落地。科学界至今还不能解释岩石升空的奥秘。现在，到希沃布里村观看这一奇景的人日益增多。这两块岩石是谁放在祠庙门口的？它们又是受什么力量驱使而升空的呢？这仍是个未解之谜。

神秘现象

《圣经》中的示巴古国
是否真实存在

　　《圣经》中有这样一段记载："公元前 10 世纪中叶，示巴古国的君主示巴女王因仰慕以色列的所罗门国王，带着庞大的随从队伍和大量香料、宝石、黄金抵达耶路撒冷拜谒国王所罗门。"然而。那个兴盛的示巴古国在历史上是否真的存在呢？美丽的示巴女王又是否确有其人呢？

《圣经》中的示巴女王和示巴古国

　　《圣经》是一部举世闻名的基督教神学经典作品。它不仅是一本经书，还是一部文辞优美的文学著作。世人对它都很熟悉，尤其是成书于公元 1 世纪的《旧约全书》，还含有较高的历史价值。然而，它也给后人留下了一个个难解的历史谜团，关于示巴女王和示巴古国是否存在的问题就是其中之一。

　　《圣经》中《旧约全书·列王记》（下）第十章和《历代志》第九章中都有这样一段记载：公元前 10 世纪中叶，当以色列王国在国王所罗门的治理下国泰民安、兴盛至极的时候，示巴古国的君主示巴女王因仰慕所罗门的智慧和声名，在庞大的随从队的陪同下带着香料、宝石和黄金，浩浩荡荡地前往耶路撒冷，拜见以色列国王所罗门。她献上大礼后，便提出一些问题让所罗门回答。所罗门以其机智的回答赢得了女王的钦佩。同时，女王也受到了热情的款待，两国友好相交。但是，示巴女王确有其人吗？《圣经》里并没有详尽介绍，甚至她的名字叫什么也无从得知。但是从女王携带的礼物可以推断出，她统治的示巴王国是一个非常富有的国家。

示巴女王的传说

示巴女王的形象，受到了历史学家、文学家和民间艺人的广泛关注，并产生了许多关于她的传说，这一切都使得示巴女王的形象更加神秘了。

有的传说里把示巴女王说成是预晓耶稣将受难于十字架的女先知。据说，她在去耶路撒冷拜见所罗门的途中，曾遇到一座小桥，她的脑海中突然闪现出耶稣将被人用这座木桥上的木板钉死的可怕景象。因此，她避开了木桥，并虔诚祈祷。所罗门知道后忙令人取下桥板埋于地下，但这仍然没能逃脱预言，耶稣最终被钉死在用这块桥板做成的十字架上。

这种神乎其神的传闻还有很多。除此之外，示巴女王在中世纪和文艺复兴时期的宗教艺术中也频频出现，有时是美丽的女王形象，有时又被描述成丑陋的女巫形象。今天，在西欧许多国家现存的哥特式教堂里，人们仍可以看到许多表现内容迥异的示巴女王形象。而在法国哥特式雕刻中，还把女王塑造成了跛足的形象，不知是出于何种原因。

近代文学中，也出现了关于示巴女王的记述，只是形象并不一致。在19世纪法国小说家福楼拜的笔下，示巴女王是诱惑隐士产生邪欲的化身。而在20世纪著名诗人叶芝的诗中，又赞美了示巴女王的才智和品德。

然而，在许多国家较为流行的民间传说中，示巴女王还是更多地被描绘成天生丽质、聪颖不凡的动人女性，并传说所罗门在耶路撒冷见到她的时候，立刻为其美丽的外貌和端庄的仪表所倾倒，二人一见钟情，最终两位互相爱慕的君主结成了连理。但埃塞俄比亚传说却是这样描述，所罗门爱上了示巴女王，却没有抱得美人归。后来，所罗门设圈套逼迫女王与其成婚。他们在婚后生下一子取名为曼尼里克，这个孩子后来随示巴女王而去。曼尼里克长大后到耶路撒冷拜谒父亲，并被封为埃塞俄比亚的第一位国王。有趣的是，非洲古国的末代君主海尔·塞拉西对这个传说深信不疑，并且一直以为自己的祖先就是示巴女王和所罗门！

示巴古国寻踪

上述有关示巴女王和示巴古国的种种传说，都充满了浓郁的传奇色彩，示巴女王是否确有其人，我们不得而知，但是经现代学者们考

证，历史上示巴古国的确真实存在过。

现在，人们已经初步断定《圣经》中提到的示巴王国位于濒临红海的阿拉伯半岛西面，在现今阿拉伯也门共和国境内。在公元前10世纪时，示巴古国曾经非常兴盛，在古代东方史上也占有一席之地。示巴古国由于紧靠当时的通商要道——红海，所以它同与红海相接的以色列、埃及、埃塞俄比亚、苏丹等国结成了密切的贸易关系，商业一度十分发达。示巴古国盛产香料、宝石和黄金，这使它在商品交易中处于优势地位。示巴古国的商人非常聪明，他们会在每年2月—8月的红海季风吹起时出海，此时季风吹向印度洋和远东，顺风行船大大提高了货物的运输量；在风向相反时，他们又前往以色列和埃及进行贸易。直至公元1世纪时这个季风的秘密才被希腊人发现。那个时候，示巴古国的陆路贸易也很发达，骆驼商队活跃在阿拉伯半岛和西亚的广阔地域上。

另外，示巴古国还拥有自己的首都，即现今阿拉伯也门共和国的东部城市马里卜，现在这个城市还依旧沿用着古代的名称。公元前1世纪希腊史学家奥多勒斯曾形容马里卜是一个用宝石、象牙和黄金艺术品装点起来的城市。也许这种说法有些夸张，但确实能够反映出马里卜曾经的辉煌与繁盛。

传说，马里卜城外建有一个规模巨大的蓄水坝。水坝由堆砌严密的大石块建成，示巴人民高超的建造工艺水平在此淋漓尽致地体现出来。这座水坝对马里卜周围广大地区人民的生活和生产，起到了防范洪水冲击和提供灌溉系统用水的巨大作用。到公元543年水坝倒塌为止，它已经存在了12个世纪。人们还在马里卜郊外沙丘上发现了一处建筑物废墟，经考古学家们证实，它是公元前4世纪所建的"月神庙"，当地人把它称为"比基尔斯后宫"，而"比基尔斯"是他们对示巴女王的称呼。此后，人们期望再找寻女王的踪影，却始终未能如愿。

在众多的"示巴迷"们看来，这个古国的居民来自幼发拉底河一带的闪米特人部落。他们崇拜太阳、月亮和星星，所用的文字与古代腓尼基人使用的相近，与古代埃及手抄本的文字也有相同之处。这充分说明，早在远古时期，各种文化之间就已经有相互渗透的迹象了。正是文化的相互交流，才形成了今天世界各国间友好往来的局面。

示巴古迹的发掘，已向我们展示出了这个文明古国的奇光异彩。然而想要找回失落的文明，还需要更多的时间。

神秘现象

死海之谜

死海是举世闻名的旅游胜地。死海独特的地理环境和气候条件,造就了它神奇的面貌。《圣经》中罗得之妻的故事就发生于此。传说,当罪恶的所多玛城和峨摩拉城被天上降下的火和硫黄烧毁时,罗得之妻不听上帝劝告在逃跑途中回首后顾,竟变成死海中的一根盐柱。

死海地貌

死海位于东非大裂谷北面的约旦谷谷底,其水面比海平面低 396 米。死海有些地方深达 400 米,湖底几乎比海平面低 800 米。"死海"并不是海,而是一个内陆盐湖。

死海西接干燥不毛的犹地亚丘陵,东临外约旦高原,沿谷底伸展约八十千米,最宽处达 18 千米。

埃尔利垒半岛(舌头半岛)伸入死海之中,将死海分为两部分。北半部较大、较深;南半部平均只有 6 米深,矗立着白色的盐柱。

日益缩小的死海

如果死海的水不蒸发,每年水面将上升大约 3 米。但从 20 世纪初期以来,水面其实已经下降。原因是气候改变,以及约旦和以色列从约旦河和其他河流中抽水灌溉,使注入死海的水量大大减少了。

死海不死

死海的含盐量高达 25%—30%。由于含盐量太高,水中又缺乏氧气,死海中除了有少数嗜盐的微生物外,几乎没有其他动植物生存。由于不断蒸发,死海水面往往浓雾深锁。中世纪的阿拉伯人认为雾气有毒,因此鸟儿无法飞越。但是,一种被称作"特里斯特兰"的海鸟为死海带来了生气。这种鸟属杂食性动物,多以小虫和植物种子为食。

死海的水除了含盐之外,还富含其他矿物质,如钾、镁、镍等。这些矿物质据说可用于治疗各种疾病,尤其对皮肤病、关节炎、呼吸道疾病具有显著疗效。

神秘现象

红海之谜

  有人说，红海得名于其海底世界中大量繁殖的红色束毛藻。也有人认为，夕阳穿透云层，照耀红色山峦，映射在海中，散发出红色光芒，红海因此而得名。然而，红海深处究竟隐藏着怎样的奥秘呢？红色的海水又有着什么神奇之处呢？

  红海位于非洲东北部与阿拉伯半岛之间，形状狭长，从西北到东南长 1 900 千米以上，最大宽度 306 千米，面积 45 万平方千米。红海北端分叉成两个小海湾，西为苏伊士湾，并通过贯穿苏伊士海峡的苏伊士运河与地中海相连；东为亚喀巴湾。南部通过曼德海峡与亚丁湾、印度洋相连。红海是连接地中海和阿拉伯海的重要通道，是一条重要的石油运输通道，具有重要的战略价值。

  关于红海名字的来历，有两种说法。第一种得到比较广泛的认可：红海海水一般呈蓝绿色，但当一种叫束毛藻的海藻大量繁殖并开花时，海水则变成鲜艳的红褐色，非常独特，人们因此称其为"红海"。另一种说法则比较浪漫：大漠上夕阳西下，海中就会倒映出泛着红光的山峦，因此被叫作"红海"。

  红海大约形成于四千万年前。那时，在今天非洲和阿拉伯两个大陆隆起部分轴部的岩石基底，发生了地壳张裂。千万年来，海水逐渐淹没部分裂谷，板块运动一直没有停止，大致齐整的红海两岸以 10 千米/年的速度反向移动。这样的运动不但没有停止的迹象，反倒有加

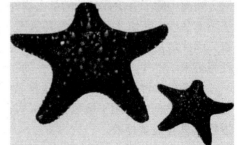

速的可能。这样的变化与大西洋的形成非常类似，再过大约 2 亿年，红海很可能就与大西洋一样大了。

红海下的地壳运动，使红海的东西海岸线翘起分开以至于两岸的河水不再流入红海，分离板块的沿线火山活动增多还导致水温上升至 59℃，这是地球海面最高的温度了。

红海还是世界上最咸的海，含盐量达到 4.1%。这是因为红海受东西两侧热带沙漠夹峙，常年空气闷热，尘埃弥漫，明朗的日子较少。红海降水量少，蒸发量却很高，每年会损失相当于 1.8 米深的水，但印度洋通过曼德海峡向红海补水，避免了红海干涸的命运。

科学家在这里发现了 15 个"深潭"，其实是一些温度特别高、盐度特别浓的深溶蚀坑，矿物质含量极高。其重金属浓度竟然是普通海水中的 30 000 倍。仅在上层 9 米的深积土中，所含的铁、锰和锌总值就将近 20 亿美元。

红海最丰富的宝藏是那些生活在它怀抱里的海洋生物。由于红海海水较暖，世界上最壮观的珊瑚礁聚集在陡峭的海岸边的狭长地带，它们最早形成于距今 7 000—6000 年，到目前为止，可辨认的品种有 177 种。这其中的许多种类通常只在据此大约二千五百千米的南边的赤道海域繁衍。这里非常拥挤，竟然出现二十多种珊瑚挤在 3 米宽的地方生长的情况。这里是上千种鱼类栖息的乐土，如鹦嘴鱼、海星、海蛞蝓，仅隆头鱼科的鱼就有五十多种。还有一些和其他地区珊瑚礁鱼群一样能够演变出变性能力的鱼种。

红海的海底世界五彩缤纷，与沿岸荒凉的陆地形成了鲜明的对比。横跨西非毛里塔尼亚与中国中部戈壁滩的大沙漠被这片狭长的水域一分为二。两亿年前，红海还只是亚非大陆中的一小片洼地，今天已经成了热带深海，说不定未来还会变成辽阔的海洋……

神秘现象

日本圣山之谜

"玉扇倒悬东海天"，富士山是日本人最引以为傲的民族象征。富士五湖、富士樱花，花映水色、湖映山色，湖光、山色、花容，一直是世界闻名的胜景。然而，最为神奇的是富士山能够治病的传说。是什么原因使得富士山有了医疗的能力呢？至今无人能解释其原因。

在日本国民心中，富士山和樱花一直是完美的象征。观赏富士山，四季皆宜、昼夜均可。据说，春天时登上白雪皑皑的顶峰，观赏山下怒放的樱花，那种感受要远远胜过观赏富士山的其他美景。

风景如画

日本画家画了很多有关富士山的著名风景画。富士山最吸引人的就是它四季变幻的风景和其深厚的文化内蕴。日本文人赞道："富岳虽隐于冬雨寒露中，但仍显喜悦之情。"美国作家希恩因喜爱富士山而加入日本国籍，他曾说富士山是"日本最美的景色"。

富士山是日本最高、最美的山，因而备受尊崇，很多人视之为众神之乡，成为万民神往的神圣之地。

山水风光

富士山的山坡呈45°，近地面时坡度减小，趋于平缓，其周长达126千米。北麓有5个湖排成弧形。春天，繁花锦簇，莺歌燕舞；秋天，湖畔部分原始森林显出火红秋色，继而转为深浅不一的褐色。从这几个湖的湖面观看富士山，如镜的湖面，映出美丽的富士山。富士山宗教和风景融合一处，别有一番情致。

神奇富士山

富士山的神秘就在于人们世代相传此山能够治病。据说，只要病人一心向善，登上富士山就可以治好或减轻病痛。富士山究竟有什么神奇的力量可以医治人的疾病呢？目前为止还是未解之谜。

神秘现象

神秘的地震云

空中出现一条黑白相间的蛇表长云，将天空一分为二，"飞蛇"出现后，地震随之而来，二者之间有必然的联系吗？"飞蛇"的出现是地震即将发生的征兆吗？

地震预报

地震是一种能给人们的生产和生活带来巨大破坏的自然灾难。从古至今，人们对地震的观测和预报工作就一直在探索中进行着，但由于地震的成因错综复杂，各地的地质构造情况又不尽相同，时至今日，科学家还是不能对地震进行精准的预报。

魔云现身

1948 年 6 月 28 日。日本奈良市天空晴朗，上午时分，奈良的天空中突然出现了一条黑白混杂的蛇皮状长云，把天空撕成了两半。一个名叫键田忠三郎的年轻人无意中抬头看天的时候，发现了这个蛇状怪云，他心底升起了一种不祥的预感。不料，他的预感很快就成为事实——两天之后，奈良市的福井地区发生了 7.3 级大地震！在这次地震之后，键田忠三郎发现，只要这种不祥的蛇状怪云一出现，就总有地震相应发生。

灾难前的征兆

事实上，这种极其特殊的"蛇皮怪云"就是地震云，是预示某地将发生地震的一种常见前兆。目前，科学家已知的地震云有三种：一是走向垂直于震中并飘浮在震区上空的稻草绳状或条带状云；其次是焦点位于震区上空，由数条带状

云相交在一点构成的有规律辐射状云；第三种是像人的两排肋骨构成的条纹状云。根据观测，地震云在某地持续的时间越长，对应的震中越接近于地震云；地震云条纹越长，距离发生地震的时间就越近。面对这一事实，人们不禁要问，地壳的变化为什么会从云中反映出来呢？

地气腾空

部分日本地震学家认为，地震带的地壳内富含水汽和各种气体。当地壳断裂即将发生时（地震），地壳的断层和裂缝活动异常激烈，必然会使高温高压的地气自下而上地前进。当这些高温高压的地气从地表冲出后，在极短的时间内体积会急剧膨胀，使当地空气增温并产生上升气流；气流在高空遇冷后冷却，饱和后就会凝结形成怪异的地震云。

其他假说

也有专家认为，地壳断裂带所迸射出来的高温热气，会以超高频或红外辐射的形式加热地震当地的上空云层，从而形成条带状地震云。断裂带基本垂直于震波的传递方向，条带状地震云也由此而产生。还有的人认为，地震云的出现也可能就是一种巧合，毕竟世界上不是所有的地震发生时都曾出现过"蛇状怪云"。目前，科学家仍在坚持不懈地深入研究这一现象，希望科学能早日给我们一个满意的答案。

神秘现象

择捉岛的秘密

择捉岛原本是太平洋北部鄂霍次克海上的一个普通小岛。然而就是这样一个平凡小岛却存在许多神奇的现象。小鱼竟然在热水中自在地游弋，古老的石头上竟然刻着现代人熟知的符号。这一切为择捉岛增添了众多神秘色彩。

在鄂霍次克海上有一个神秘的小岛，叫择捉岛。它那奇特的自然景观和生物现象令世人称奇，而岛上令人难以解释的文化现象更使人着迷。岛上有一个直径约三千米的古火山口，形状就像一口巨大的锅。在这口"锅"的"锅沿"上，奇峰峻峭、怪石嶙峋，形成了千奇百怪的造型，令我们不得不佩服大自然的鬼斧神工。

岛上奇特的鱼

在神奇的择捉岛上，不仅有硕大的蝴蝶、巨眼的蜻蜓，还有一种生活习性极其奇特的鱼。

这种鱼可以在50℃高温的水中游玩戏耍，而在常温中却会僵硬死亡。这种奇特的生命现象是一位法国人在一次旅行中偶然发现的。

那是20世纪60年代中期的事，这位法国旅行家在择捉岛附近海域遭遇了海难。幸运的是，他被波浪推到了这个海岛上，并且随身带来了一个装有炊具的旅行包。死里逃生后，他饥饿难忍，便开始在周围寻找可以充饥的东西。他在一个浅浅的水坑中意外

地发现了几尾僵硬的小鱼。他赶紧拾来柴草，炖鱼煮汤。没等锅中水开，他就掀开锅盖看，眼前的情景使他惊呆了。锅中那几条原来僵硬的小鱼不但没被煮熟，反而在热气腾腾的水中活了过来，这时的水温至少也有 50℃。

这位法国人把这件奇怪的事写进了他的游记里。

现在，人们已经搞清楚了这些怪鱼的习性。它们是古火山烫热的一个小湖里的"居民"。它们的祖先在火山爆发中幸存下来，因而适应了特殊的生存环境，成了冷血生物中的热血物种。当它们遇到热水时，就会游得自由自在；遇到凉水时，反倒会因不适应水温而死亡。

岛上神秘的人文景观

除了这些奇特的自然现象外，择捉岛上还有非常神秘的人类文明现象。

在古火山口的南部堆放了一块块打磨得十分圆滑的巨石，它们有黑、灰、褐和浅绿等几种颜色。令人们着迷的不是它们的颜色，而是这些石头上有明显的人为刻纹。其中有一块石头上凿满了奇异的线条和花纹。这些线条和花纹已被考古学家们认为，它们很可能是一种现代人还不知道的古代文字，整个择捉岛上的人类文化之谜很有可能就蕴藏其中。

更加奇妙的是，在几块绿色圆石上凿刻的花纹竟然全是现代人所熟知的符号。有加、减等数学符号；有形如罗马数字中的"Ⅳ"和"Ⅴ"的刻纹；也有清晰的拉丁字母；还有一些标准的几何图形，如正方形、矩形和圆形等。这些符号一个接一个地刻在石头上，仿佛组成了一篇关于数学的论文。

是谁留下了这些奇怪的文字？各国学者对此进行了多方面的研究，可是收效甚微。

择捉岛和世界上其他的岛屿一样没有任何文明史的记载。对于它过去的历史，现在居住在岛上的阿伊努人也是一无所知。看来，这又是一个需要考古学家们解决的千古之谜。

神秘现象

深埋地下的超级大洋

　　沧海桑田的千年巨变使得地球发生了天翻地覆的变化，然而远古时的地球到底是什么样呢？科学家研究后发现，在地球内部竟然有着一个相当于北冰洋大小的水库，这究竟是怎么回事呢？

有关地下大洋的论争

　　2007年，美国科学家在东亚地下发现巨大水库的事实在科学界引起轰动。两名科学家耶西·劳伦斯和迈克尔·维瑟逊在对地球内部深处进行扫描时，竟意外地在东亚地下发现了一处含水量巨大的水库，该水库的含水量堪与北冰洋相比，更令人吃惊的是，它的含水量极有可能超过北冰洋。这一巨大发现在科学界引发了一场关于地下是否存在大洋的激烈争论。

北京地下的异象

　　之所以得出这一结论，是耶西·劳伦斯和迈克尔·维瑟逊通过分析六十多万份记录地震穿过地球时产生的地震波得出的。他们在分析

世界各地的地震波图片时发现，地震波在东亚地下出现了减弱的现象，而在北京地下尤为严重。因水可以减慢地震波的传播速度，所以他们推断，东亚地下应该存在一个巨大的水域。然而，他们推断这个地下水域实际上是地表以下700—1 400千米内的含水的岩石，岩石的含水量不到0.1%，并不是真正的大洋。即便如此，因其范围很广，所以将这一区域的水量累积起来也是相当惊人的。

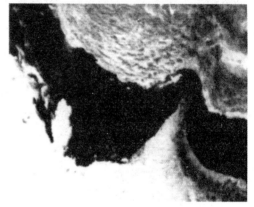

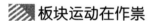
板块运动在作祟

对于地球深处为何会含有如此大量的水，地质学家做出了这样的推断：若地幔深处的岩石真的含有水，那么最大的可能就是由于板块运动造成的。海洋板块和大陆板块始终都处于相互运动的状态。在东亚一带，太平洋板块与大陆板块在运动过程中相互挤压，大陆板块很容易俯冲到海洋板块以下。这就使得大量的海水被带入地下，并逐渐渗入地幔内部。

高反举对牌

然而很多科学家对这一结论持反对意见，他们认为，地震波的衰减与多种因素有关，除水之外，不同性质的岩石、过渡层等都有可能引起地震波的衰减。而且，如果地壳某处产生裂隙，那么地幔上部的物质就会喷出地表，从而形成火山。假设地幔真的有大量含水的岩石，那么岩石中的水在地下高温、高压的情况下也一定会蒸发出来，形成间歇泉、温泉等，然而东亚地区并未出现这一现象。因此，对于东亚地区地幔层是否有水这一问题，仍需要进行更深层次的研究。

神秘现象
罗布泊迁移之谜

　　罗布泊这个生命禁区一直为人们所关注，围绕着罗布泊产生了许多难解的疑团，罗布泊不断变化的地理位置更是吸引了许多科学家的目光。

　　罗布泊是我国新疆东部一片充满传奇色彩的神秘地带。相传，昔日的罗布泊相当美丽，是一个平静而充满生气的湖泊，那里上有飞鸟，下有走兽。而今的罗布泊却早已枯竭，成了一个沙丘连绵、枯骨遍地、地貌狰狞的死亡地带。据说，两千多年来，罗布泊一直在不断地移动着自己的位置，历史上共迁移了三次。对于这一说法的真实性，至今仍存有较大争议。

游移不定

　　据史料记载，历史上罗布泊的面积曾经达到 5 350 平方公里。19世纪 60 年代初，罗布泊曾一度因缺少水而渐趋枯竭。众多科学家曾经来到罗布泊进行实地考察，然而他们对于罗布泊的确切位置却始终众说纷纭，各持己见。20 世纪初，瑞典探险家斯文·赫定在进行了实地考察之后，提出了罗布泊"游移说"。他认为罗布泊有南、北两个湖区，由于河水带来了大量泥沙，沉积后使得湖底抬高，原来的湖水就向另一处更低的湖区流去；经过一段时间后，抬高的湖底在风蚀作

地球神秘现象
DIQIU SHENMI XIANXIANG

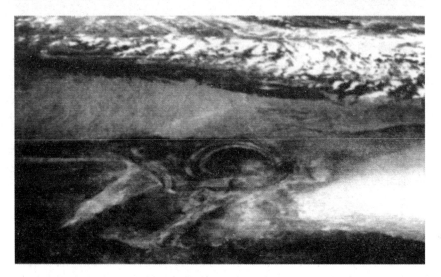

用下会再次降低，这样湖水就会再度回流。这一周期为 1 500 年。这样不断地周而复始，才使得罗布泊的位置游移不定。

不切实际的推断

斯文·赫定的"游移说"曾长期为中外学者所认同。不过近些年，我国的科学家在经过多年实地考察后，对这一学说提出了很大的质疑。罗布泊是塔里木盆地的最低点和集流区，湖水不可能倒流，而且流入罗布泊的泥沙很少，短期内湖底地形是不会出现巨大变化的。我国科学家经过对湖底深积物的分析证明，罗布泊一直是塔里木盆地的汇水中心。这就彻底否定了斯文·赫定的"游移说"。不过，我国地理学家奚国金认为，历史上罗布泊确实移动过位置，它是随着塔里木河下游河道的变迁而移动位置的。并不是斯文·赫定所说的周期为 1 500 年。罗布泊真的"游移"了吗？我们至今还难下定论。

"大耳朵"之谜

在美国宇航局 1972 年 7 月发射的地球资源卫星拍摄的罗布泊的照片上显示，罗布泊地区的形状竟酷似人的一只耳朵，为什么会形成这样的"大耳朵"呢？有观点认为，之所以会形成这样的"大耳朵"，主要是罗布泊在不同滞水期积聚的湖滨盐壳在太阳光下折射出的不同色彩轮廓。正因为干涸湖床微妙的地貌变化，影响了局部组成成分的变化，从而使得干涸湖床的光谱特征受到影响，形成了"大耳朵"。不过这一观点仍存在诸多争议。

敦煌石窟之谜

　　莫高窟是中国四大石窟之一，也是世界上现存规模最大、保存最完整的佛教艺术宝库。栩栩如生的雕像和壁画，诉说着千年的沧桑。然而，莫高窟是何时、何人发现的呢？敦煌文物又是因何流落国外的呢？种种谜团吸引着人们的目光。

　　敦煌石窟位于甘肃省河西走廊西端的敦煌市。敦煌是古代"丝绸之路"上的名城重镇。在漫长的东西文化交流的历史长河中，这里曾经是中西文化的荟萃之地。东西方文化彼此之间的相互交融，创造出世界瞩目的"敦煌文化"，为人类留下了众多的文化瑰宝。

　　中国最神奇、最壮丽的景色之一就位于敦煌城东南鸣沙山东侧的断崖上——千佛洞的一大片蜂窝状石窟。

文物失窃

　　石窟洞壁上布满了众多神态生动、内容丰富的壁画，表现出中国古代社会生活和思想的丰富多样。洞窟内还有上千座彩塑佛像，这就是千佛洞旧称的来历。此外，还有藏书约 30 万卷的藏经阁，收藏着 11 世纪或更早时期有关农事、医药、法律、科学、天文、历史、文学和地理等的经籍，更有一批精美丝绢及彩图卷。但经籍和艺术藏品在"文物盗窃案"中已散失不全。

　　所谓"文物盗窃案"的故事是这样的：19 世纪末，敦煌石窟在历史的长河里静默。没有佛教徒去参拜，流沙也堵住了洞口。当时一个名叫王圆箓的穷道士来到鸣沙山，发现了这些湮没在沙尘中的石窟群。他将一个石窟打扫干净并住了进去。

　　有一天，他在其中一个石窟中清扫，偶然间发现一间密室，里面有大量的古籍和其他物品。王道士赶紧将此事禀报敦煌县衙，但是等候多日，仍不见有任何回音。王道士没有办法，只好再次去县衙打听，敦煌县衙的官员却只是让他代为妥善保管。

　　慢慢地，经过王道士整理后的敦煌石窟有了一些游客，敦煌发现

宝物的消息也传了出去。1907 年 3 月，英国探险家斯泰因来到敦煌。他参观了千佛洞，来到了王道士的洞窟。斯泰因在王道士身上做足了功夫。他先是说只是想拍摄一些壁画的照片，过了很长时间才提出想看看古籍的样本。当他发现王道士对此感到不安，斯泰因就岔开话题。过了些日子，斯泰因又绕到了这一话题上，他说了很多好话，阿谀奉承等手段也都用了个遍，并表示他愿意给他一大笔钱来修缮寺院——这是王道士最大的愿望。

就这样，斯泰因取得了王道士的信任，进入了密室。斯泰因面对那些古籍的时候，强按着内心的喜悦，表现出一点都不在意的样子，让王道士以为自己发现的东西并不值钱。而后又编造了一堆听起来可信度颇高的谎话，将古籍骗了出来，斯泰因不断以"捐助修缮寺院"的名义塞给王道士一些金钱，王道士就这样在对斯泰因的信任中留下了千古罪名。

斯泰因共弄到 24 箱文物，其中包括三千多卷经籍和二百多幅绘画，还有装得满满的 5 箱绢帛。这么多稀世珍品，斯泰因仅花费了相当于现在的 50 美元就从王道士的手里以"随缘乐助"的名义骗到手了。

珍贵的文物

这些珍贵的敦煌文物，至今仍然存放在大英博物馆。事实上，藏经洞里的宝物比斯泰因想象的具有更加巨大的价值。经过研究，证实所有的手抄本都是宋真宗在位（公元 997 年—1022 年）之前的文物，这些经书中包括公元 3 世纪和 4 世纪时的贝叶梵文佛典，也有用古突厥文、突厥文、藏文、西夏文等文字写成的佛经，还有世界上最古老的手抄经文，甚至还有连大藏经中都未曾收集到的佛典。出土的藏经中甚至有禅定传灯史的贵重资料，各种极具价值的地方志，摩尼教和景教的教义传史书。其中还有大量的梵文和藏文典籍等，对于当今古代语言文字的研究有着重大意义。另外，其中包含的各类史料也在很大程度上影响了以后的外国史学和中国史学的研究。

敦煌石窟出土的经卷对世界文化史上的所有领域而言，都是璀璨的珍宝。当然，要想判明它们对这些领域的改变到底能起到多么大的作用，还需要后人付出更多的时间进行研究。

神秘现象

神秘的头骨堆之谜

历史的演化伴随着战争的发展而前进，在燕下都发现的头骨堆就是历史的痕迹，但如此多的人头骨究竟是由于什么原因而遗留下来的呢？人们百思不得其解。

在河北省易县燕下都遗址处，有 14 个圆形夯土墩台，这些墩台高约十米、直径达几十米。考古人员通过对部分墩台的发掘，发现其中都埋葬着大量距今有两千多年的人类头骨。通过对这些头骨的鉴定，专家们判定他们为 20—30 岁的青壮年，且都为男性。同时，专家推测这些头骨极有可能是当时战败者的首级。

人们一直对这 14 个土墩的成因迷惑不解，专家们一直众说纷纭，莫衷一是。有些专家认为这是公元前 314 年燕国"子之之乱"的受害者首级，当时的内乱使燕国死伤几万人，后来有人将被砍杀者的头颅埋在一起，形成了今天发现的"人头墩"。也有专家认为是公元前 284 年乐毅伐齐大胜时从战场带回的齐军首级。

人们在此处共开挖了 50 平方米，清理出三百多人头骨，部分人头骨有明显的砍杀痕迹，有的头骨上还插有青铜箭头，应该为当时战败者的首级。

像这样大规模的带战争创伤的骸骼成批出土，在世界上是极为罕见的。有关专家一直致力于对其成因的研究。尽管观点不一，不过相信在不久的将来，这一真相一定会被揭开。

神秘现象

发光的土蛋

　　神农架是一个奇妙的地方，关于它的传说非常多。神农架野人、神农架冷热洞、神农架白化动物等，其中发光的土蛋最为神秘、奇特，它在特定时间出现，然后神秘地消失。在人们眼中，神农架成了神秘的代名词。那里有许多谜题，至今没有人能够解开。

　　神农架地区的戴家山，每逢 2 月和 8 月晴天的中午，有一块土地就会发光。光线的长度可达 200 米，光线十分强烈，这种现象每次出现两三分钟，然后自然消失。当地的农民曾在光线射出的地方挖掘深坑以探寻地下隐藏的秘密。人们在深一米左右的地方发现了一堆土蛋。光线是从这里发出来的吗？这堆土蛋里难道隐藏着什么秘密？人们抱着这种想法砸开了一个土蛋，结果却令人大失所望，里面只是一堆土而已。土既不会发光，也不会反光，这是众所周知的事情。有人猜测这些土蛋不是地球上的产物，或许它里面含有人类所不知道的元素。

　　让人感到困惑的是这些土蛋是如何来到地球上的，又是如何钻入地下的？这些问题没有人能回答。

▨ 土蛋消失了

　　就在人们打算放弃对土蛋的研究时，那个挖掘土蛋的一米多深的土坑，在第二天却被神秘地填平了。当人们在同一位置再次向下挖掘时，土蛋竟不见了。这些土蛋究竟是些什么？这一问题至今也无人能解答。

神秘现象
"天坑"之谜

　　长江三峡向来以它的雄伟险峻著称，在重庆市境内靠近三峡的地方，有一处被誉为"天下第一坑"的"小寨天坑"。那里珍稀物种丰富，是人们探寻三峡历史的活教科书。

　　在重庆市奉节县境内靠近长江三峡的地方，有一处被誉为"天下第一坑"的小寨天坑。这处天坑外形为椭圆状，坑深662米，总容积约1.19亿立方米。该天坑在喀斯特地貌学上被称为"漏斗"，据相关专家考证，小寨天坑是迄今为止世界上发现的最大的"漏斗"。

　　小寨天坑的坑底有一条巨大的暗河，河水发源于一道被当地人称为"地缝"的神奇峡谷。据考证，地缝全长37千米，最窄处仅为2米，而峡谷的高度达900米，从而形成了气势恢宏的"一线天"景观。从高空俯瞰，在群山的环抱之中，茂密的原始森林深处，隐隐约约地可以看到一条云雾缭绕的狭窄缝隙，那便是深达数百米的神奇地缝，并被岩溶地质学家称为"世界喀斯特峡谷奇中之稀"。在距离小寨天坑不远之处，还有一处与三峡夔门几乎完全相同的峡谷，当地人称其为"旱夔门"。从旱夔门再向深处看去，地势险峻，令人无法进入，至今尚未探明其内部景象。

　　中外探险家曾多次在这里进行科学考察活动，如今已探测的洞穴近100个，已探明的地下暗河一百余千米，发现了珙桐、桫椤、红豆杉等珍贵植物两千余种，以及大鲵、玻璃鱼、林麝等二十余种稀有动物。科学家认为，天坑地缝不仅是构成地球第四纪演化史的重要例证，同时也是探索长江三峡形成原因的"活化石"。

地球神秘现象
DIQIU SHENMI XIANXIANG

欧 洲

神秘现象
法兰西"手印"

　　远古人类在祭祀中的仪式纷杂，但他们是否会把他们的某个手指切掉呢？这是研究法国西南部加加斯山洞壁画的专家提出的一个怪异的问题。这个山洞里的史前壁画与西班牙阿尔塔米拉及法国拉斯考等山洞壁画类似，同样让人捉摸不透。

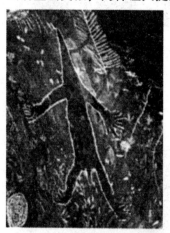

"手掌山洞"

　　加加斯山洞位于欧洲比利牛斯山脉，素有"手掌山洞"之称。在加加斯山洞里面黑色洞壁上的壁画，虽历经了35 000年的岁月，却仍旧光彩夺目，不曾褪色。因此加加斯山洞被人们称为"手掌山洞"。

加加斯洞穴手印谜团

　　加加斯洞穴的手印，也许是现存最古老的洞穴艺术品，约形成于35 000年前的冰期后期，由今天欧洲人直系祖先克罗马农人绘制而成。克罗马农人是旧石器时代某些穴居部族中的一支，但他们不是最早在加加斯山洞壁上留下痕迹的生物。在他们之前，于洞内留下痕迹的是一度在西欧各地出没的巨熊。这些巨熊像今天的家猫在家具上磨砺利爪一样，也在洞壁软石上磨，在石壁上留下了爪痕。在这些爪痕之间，散布着一些凹入土中的连绵曲线，则可能是人类在模仿巨熊时留下的痕迹，其历史也许比手印还要久远一些。

加加斯洞壁上，总共有一百五十多个模绘或手绘的印记，其中大部分又是左手而不是右手的手印。手印本身以及黑色手印四周边框的颜色，大多是红赭色。但不论红色或黑色的手印，用手电筒或灯光照射时，都散发着神奇的光泽，因为岩画表面覆盖着一层薄而透明的石灰石。由于加加斯山洞里面极为潮湿，这种沉淀物又在不断沉积。所以有些掌印呈黑色，印在红色框里，另一些则是红色。然而大多数掌印总有两只或多只手指缺了节，这又是为什么？

手印的制作

与此一致，澳大利亚土著居民和非洲某些部落在山洞中也遗留了一些手印，这很可能是原始民族文身习俗的外延行为。手掌涂上红赭石颜料，再压在洞壁光滑的石块上，便会留下掌印。至于所产生的模绘效果，则可能是手掌压上石壁时，将液体或粉状颜料吹喷到手上造成的。加加斯洞穴的手印以左手为多，颜色很可能是从右手所持的管子喷洒出去的。

几种推测

洞穴壁画中的手印通常至少有两根手指的前两节不知去向。有时四根手指均如此，有时除食指外均如此，有时只有食指及中指如此，有时则只有中指与无名指如此，然而拇指永无残缺现象。

经过仔细研究，人们发现这些手指极可能是被强行切去的，并非只是翘了起来。有人说，由于克罗马农人生活于冰期的后期，也许他们由于冻疮而失去了手指。可是，有些人类学家认为，他们切去一节或两节手指可能是一种宗教祭祀行为，但是这种断指行为有什么用意，至今尚无人知晓。如今的非洲卡拉哈里沙漠地区一个游牧民族和北美洲的印第安人，也有类似的断指习俗，以断指来作为祈祷新生婴儿好运的祭礼或祈求猎神赐福。

神秘现象

流不尽的"圣水"

在一个名为阿尔勒小镇的教堂里，有一口看上去很普通的石棺，然而它却有着令人惊奇之处。石棺能够源源不断地流出圣洁的清泉。泉水纯净甘甜，而且具有神奇的功效，为当地的百姓带来吉祥与幸福。"圣水"中究竟蕴藏着哪些奇异的元素呢？人们在不断地探寻……

世界上的事千奇百怪，有些现象连科学家也无法解释。在法国比利牛斯山区的代奇河畔，有一个名叫阿尔勒的小镇。

小镇的教堂里面摆放着一口石棺。这口石棺看上去很普通，但却有着 1 500 年的历史。它大约有 1.93 米长，是用白色大理石精雕而成的。据说，这口石棺是公元 4 世纪—公元 5 世纪时一个修道士的灵柩。

这倒也不稀奇，奇怪的是在这口石棺里长年都盛满清水，却没有一个人知道这水是从哪里来的。

美丽的传说

在阿尔勒镇的老人中流传着几种关于这口石棺里的"圣水"的传说。其中有一种是这样说的：

公元 760 年的一天，一个修道士从罗马带回来两个人，一个叫圣安东，另一个叫圣塞南。这两个人都是波斯国的亲王。他们在那个修道士的引导下，成为基督教的忠实信徒。圣安东和圣塞南传道途经阿尔勒镇时，留下了一样圣物，没有人知道这个圣物到底是什么。不过，从那以后，这口石棺里面就开始源源不断流出"圣水"。这"圣水"为当地的老百姓带来了吉祥和幸福，圣安东和圣塞南也被老百姓们尊称为"圣人"。

为了纪念两位"圣人"，阿尔勒镇上的人们每年 7 月 30 日都要在教堂里举行隆重的纪念仪式——在石棺前的铜管中取"圣水"。

每到这一天，教堂的修道士们便把石棺打开，向人们分发"圣

水"。人们把"圣水"领回家，就小心翼翼地把它收藏起来，不到万不得已时不会拿出来使用。因为，这"圣水"有一种特别神奇的力量，可以医治好多种疾病。

"圣水"之谜

关于阿尔勒镇这口石棺中的"圣水"有着各种各样的传说，而且说法都不一样。不过，从这口石棺里流出来的"圣水"却是真实可见的。为什么阿尔勒镇教堂的这口石棺会有源源不断的"圣水"流出呢？这神奇的"圣水"究竟是从哪里来的？这些疑问，深深地吸引了好奇的科学家们。

1961 年 7 月，两名来自格累诺布市的水利专家来到阿尔勒镇，想解开这口石棺的"圣水"之谜。他们初步认为这是一种渗水或者凝聚现象，才使得石棺里面有了"圣水"。于是，在征得修道士们的同意以后，他们想办法把石棺垫高，使它和地面隔离开来，然后用一块特别大的塑料布把石棺严严实实地包裹起来，为的是不让外边的水汽渗到石棺里面去。为了得到最佳的实验效果，两名专家做完了这些事情后，又日夜守在石棺跟前，不让任何人靠近它。

几天后，他们打开石棺一看，真是太神奇了——石棺里边的"圣水"居然一点儿也没有减少，还是那样源源不断地流着。

两名专家谁也说不清楚这到底是怎么回事儿！他们又对石棺里面的"圣水"进行了鉴定，结果发现石棺里面的"圣水"即使不流动，它的水质也是纯净的，就好像可以自动更换一样。

这个实验引起了许多科学家的兴趣，他们不远万里来到阿尔勒镇，可结果仍一无所获。最后，有一些相信"超自然能力"的专家做出了这样的解释：公元 760 年，圣安东和圣塞南拿着"圣物"来阿尔勒镇教堂之前，曾经把"圣物"放置在罗马的一个教堂里，而那个教堂的旁边一定有一口泉水井，泉水井里的泉水渗透到"圣物"上，这样就使得"圣物"有了自动出水的神奇功能。

当然，这些也只是猜测而已。要想最后解开阿尔勒镇教堂石棺的"圣水"之谜，还需要人们继续努力。

神秘现象

亚平宁水晶石笋

在意大利的安科纳弗拉沙西峡谷有着许多远近闻名的自然景观。湍急的森蒂诺河蜿蜒曲折；峡谷两侧的石壁陡峭险峻，石壁上洞穴密布；八角形教堂和献给圣母玛丽亚的小教堂天下闻名。而其中最著名的当数水晶石笋景观。

洞穴探险

1971年，一批探险家在意大利安科纳弗拉沙西峡谷一带发现了一处巨大的地下洞穴，这条巨大的洞穴长达13千米以上，这个惊奇的发现令世人感到震惊。

探险家们手持手电筒，沿曲折的地下长廊摸索。他们涉水走过一

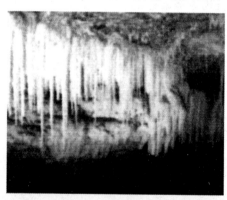

个个深及膝盖的清水池和泥浆潭，只见石笋林立，像一根根华丽的水晶柱。再往前行，只见又湿又冷的洞穴网错综复杂，恍如大理石的巨型石柱使人眼花缭乱，又好像冰雪覆盖的精美石帘让人感到惊讶不已。经过百万年侵蚀形成的奇景，像一幅幅油画一样展现在众人面前。

弗拉沙西峡谷

弗拉沙西峡谷两边峭壁陡立，蜿蜒近3.2千米，由湍急的森蒂诺河冲刷而成。森蒂诺河是伊西诺河的支流，伊西诺河发源自亚平宁山脉，东北流入亚得里亚海。

弗拉沙西峡谷两旁的山岭是典型的岩溶地带，又称"喀斯特"地貌。"岩溶"是地质学名词，意指可溶岩石，如石灰岩等，受酸性雨水侵蚀，形成特殊的地貌。如洞穴、落水洞、伏流、地下河等，都是喀斯特地貌的特征。

洞穴景致

弗拉沙西峡谷两边的绝壁都是石灰岩，其中满布洞穴。"教堂穴"中，建有奉献给圣母玛利亚的 11 世纪小教堂，以及教皇利奥十二世于 1828 年下令建造的八角形教堂。弗拉沙西洞穴的地下奇景被发现后，默默无闻的安科纳得以闻名天下。

弗拉沙西洞穴包括几组洞穴，最大的首推"大风洞"。沿平坦的小路约走 1.5 千米来到石灰岩山下，就到达这个奇妙的世界了。岩石洞凿通了一条短隧道，通往一个大如主教堂的洞穴。中央漆黑一片，为深不见底的"安科纳深渊"。弗拉沙西洞穴蕴藏着无穷的魅力。

深渊旁屹立着一根巨人柱，那是一根巨大的石灰岩柱，表面凹凸不平，蚀刻很深。"巨人柱"对面是"尼亚加拉瀑布"，钟乳石重重垂挂，果真叫人联想到飞珠溅玉、水声如雷的尼亚加拉瀑布。更深处的"蜡烛穴"内，石笋从浅水池面冒出，闪闪发亮，如同点着的蜡烛；加上底部的白"烛台"和引人入胜的灯光，洞穴立刻"锦上添花"了。

弗拉沙西洞穴内部的环境特殊，温度稳定，湿度高，虽然缺乏阳光，食物稀少，但是扁虫、千足虫、地穴蝾螈和鳌虾等大量繁衍。数量众多的蝙蝠栖息在洞穴中，晚上它们成群结队地在地洞中飞来飞去。

神秘现象

古老的宙斯神庙

奥林匹亚地区早期的建筑是用木头和砖块建成的，但随着时间的推移，这些旧的建筑物逐渐倒塌，后来的建筑物多用石块砌成，其中最著名的石制建筑物就是宙斯神庙，那它又是因何而建的呢？

宙斯神庙是古希腊的宗教中心。神庙坐落在雅典卫城东南面，依

里索斯河畔一处广阔平地的正中央，是古希腊的最高天神宙斯掌管的地区。目前这片土地已成为起伏不平的丘陵，但是在古希腊时期，这里四周环绕着葱翠的山谷和清冽的溪流，环境幽雅怡人，不远处有一片密林，绿意盎然，林中小径两旁更是花团锦簇，美不胜收。在古希腊时代，宙斯神庙位于雅典城墙之外，到了罗马帝国哈德良统治时期，为了扩大雅典城的规模，将城墙往外拓展，于是把宙斯神庙纳入雅典城内。

宙斯神庙到底因何而建

宙斯神庙是神的圣庙，但起初建造它并非为了收集朝拜者供奉的祭品，而主要是为了使神圣的祭祀过程免受自然的干扰，这种祭祀活动通常是在圣殿之外的宙斯祭坛上进行的。当奥林匹克运动会进行到一半的时候，要在那儿宰杀并焚烧 100 头公牛来献给宙斯。随着时间的流逝，来到奥林匹亚的人们已经逐渐改变了初衷，更主

要的是为了来感受其宏伟的气势和悠久的历史，而不是为了祭祀。从某种意义上说，这座神殿已经具有了一种博物馆的味道。

在神庙建成后的许多年里，它收藏了一些古老的令人崇敬的祭物，诸如一块奇形怪状的石块或木板等。但要想回到公元前15世纪那种神圣氛围中，还需要一个具有非凡神力且令人难以忘怀的形象——宙斯。

菲迪亚斯雕筑宙斯神像

经过多方寻觅，祭司们终于找到了一位能完成这项伟大使命的人，他就是雅典公民菲迪亚斯。菲迪亚斯的雕像虽然被公认是非常出色的，但他本人却曾被流放到雅典：在公元前438年或公元前437年，他的一位伙计梅农指控他贪污了用于建造雅典娜像的金子，而菲迪亚斯又不能提供洗刷罪名的证据，为了免受羞辱，他情愿被流放。事实上，这项指控是出于政治目的。菲迪亚斯是政治家伯里克利的朋友，伯里克利有一些政敌，他们总是抓住每个机会来诋毁伯里克利和他的朋友，雕刻家菲迪亚斯就是这种政治斗争的牺牲品。

尽管受到这种莫须有罪名的指控，但菲迪亚斯还是怀着满腔热情来到奥林匹亚，并开始他的这项伟大创作。还在雅典时，菲迪亚斯就发明了一种建造大尺寸黄金、象牙雕像的技术。首先，在建雕像的地方竖起一个木制框架，其大小与要完成的雕像尺寸相同。象牙薄片用来装饰头、手、足，贵金属片则做成衣饰和其他装饰。每件饰品之间都要衔接好，每个衔接处都要经过仔细装饰，最后才能完成有着坚固外形的雕像。

菲迪亚斯没有留下任何材料来告诉人们，他是怎样完成这样一件令人惊叹不已的工程的。在公元97年的奥林匹克运动会上，演说家狄俄·克里索斯托姆应邀在宙斯神庙发表演说时曾公开宣称，菲迪亚斯所完成的这件作品与其所要表现的宙斯是极为相似的。狄俄·克里索斯托姆从修辞学角度解释说，诗人荷马在史诗中所描绘的宙斯，会使人联想起一切所知的、有关的名称——"父亲与国王、城市的保护者、友谊之神、祈祷人的保护者、好客之神、增产丰收的赐予者……"他说，宙斯的所有特性都能从这座神像上得到体现，并且它还体现出了菲迪亚斯所要表现的众神之王的各种本质特征。

公元前1世纪，著名的罗马演说家西塞罗指出："在菲迪亚斯头脑中有着一个非常美好的宙斯的形象，这可以促使这位艺术家创造出

一个栩栩如生、和蔼可亲的众神之王的形象。"在这里，他把众神之王的威严表现得淋漓尽致，使每一个看到宙斯神像的人都从心里产生了一种敬畏感。

神像的保护工作

从这座雕像建造完成之日起，它就被称作古代雕塑黄金时代的杰作，因此，人们对它的保护工作也很重视。据说，这项工作是由菲迪亚斯的后代来负责的。倾倒橄榄油的奇怪风俗，按波萨尼亚斯的说法，可能是为了防止神庙潮湿的环境给雕像造成象牙开裂。到公元前2世纪中叶，南部迈锡尼城的雕塑家达摩芬农受命修整这尊雕像，他在座位下面安放了四根圆柱，以便撑住上面的雕像，使其不至于因为太重而倒塌。

与此同时，塞琉西王国国王安条克四世献给宙斯神庙一块特殊的羊毛帘幕，它是用"亚述的编织花样和腓尼基骰子"装饰的帘幕。这块帘幕挂在雕像的背后，其重要性也就不言而喻了。但也正是这位安条克国王掠夺了耶路撒冷的所罗门神庙，并且下令将它改名为奥林匹亚的宙斯神庙。由此，人们不难推断出安条克献给奥林匹亚的众神之王帘幕的原因了。

被冷落的神庙

宙斯的雕像引起了那些崇拜者的敬畏与惊叹。大约过了四百五十年，罗马帝国皇帝卡利古拉征服了希腊，他命令罗马人将雕像运回罗马收藏。据说，就在工匠们被派去设计运输此雕像的方案时，雕像"突然发出的大笑声震塌了脚手架，工匠们也被吓得四散而逃"。可惜这座雕像不能永久保持不被亵渎，公元391年，基督教会赢得胜利，他们说服罗马帝国皇帝狄奥多西一世关闭了宙斯神庙，并停办了奥林匹克运动会，从此奥林匹亚这座伟大的圣殿被弃之不用了。

此后，这尊有八百多年朝拜历史的雕像，被运送到了君士坦丁堡装饰一所宫殿，菲迪亚斯的工作室也被一座基督教堂取代了。光阴似箭，日月如梭，一千多年过去了，整个奥林匹亚地区都被厚厚的泥沙、碎石掩埋了。当奥林匹亚的这所圣殿由于年久失修而破败不堪时，这尊非凡的雕像——已知的古希腊雕刻中最伟大的作品也在博斯普鲁斯海峡岸边被毁坏了。

神秘现象

爱琴海诞生之谜

很久以前的一天，当游人们正沉浸在斯特朗海莱岛的美景中时，这座海拔 1 493.52 米的高山突然耸动起来——火山爆发了！这次火山爆发使岛的中部崩塌成了一个大深坑，并陷入海底。岛上残留的陆地，也就是今天被称为圣多尼亚群岛的地方，全部被火山灰掩埋了。

考古学者发现早在公元前 15 世纪前后，发生过一系列的大灾难，圣多尼亚火山真的是在这个时间爆发的吗？火山爆发能够造成这么严重的后果吗？

1956 年，雅典地震研究所的加拉诺坡罗斯教授无意中发现了这样一个问题：圣多尼亚火山爆发后遗留下来的小岛中有一座叫作西拉岛，且岛上有人用矿场中的火山灰制作水泥。加拉诺坡罗斯教授在这个矿场的矿井底下，发现了烧黑了的石屋遗迹，屋里有一男一女的牙齿，还有两块烧焦了的木头。经过科学检测，死者应该是死于公元前 1400 年前后，也就是说在公元前 15 世纪前后。覆盖在他们身上的火山灰足有三十多米厚，由此可以看出，那也许真的是有史以来最大的一次火山爆发。

加拉诺坡罗斯教授说，圣多尼亚火山爆发所放出的辐射能量，大概相当于几百颗氢弹同时爆炸。大约三十米厚的炽热的火山灰掩埋了整个岛残留的陆地，广达 207 199.2 平方千米地区的东南方的海床现在还积着一层厚度由几厘米至几米不等的火山灰，这是火山灰随风飘散的结果。

圣多尼亚火山爆发时产生的巨大威力，除了对地理上的影响外，对世界文明的影响也是非常深远的。在圣多尼亚火山爆发时，现代西方文明的发源地古希腊还是铜器时代的部落民族，而米诺斯文明已经发展得非常先进了。

克里特岛的十多个城市是米诺斯文明的中心，而圣多尼亚火山位于其边缘。米诺斯人使用的文字复杂，有许多体育运动，他们使用的厕所是抽水式的，他们知道如何把凉风引入室内调节空气，他们还制作了许多精美的工艺品和壁画，他们的使节和商船在古代世界各地均留有足迹。

公元前15世纪末，光芒四射的米诺斯文明正值鼎盛时期却突然消失了。考古研究显示，米诺斯的城市全都在同一时期遭到摧毁，所有宏伟的宫殿都被彻底地破坏了。

米诺斯文明消失引起的猜疑

米诺斯文明的突然消失，作为一个千古之谜，引起了无数猜疑。有人说是由于内乱，有人说是外族入侵，最新的研究表明是地质巨变导致了该文明的消失。学者们现在已经确信圣多尼亚火山爆发是米诺斯文明消失的真正原因。火山爆发几乎毁灭了整个米诺斯民族。当时也有一小部分幸存者，他们逃到了克里特岛的西部，辗转到达希腊沿海的迈锡尼。希腊由于地理位置的原因，躲过了火山灰降落的灾难。

此后到公元前1400年前后，希腊迈锡尼文明开始蓬勃发展，希腊从此开始了有文字记载的历史。米诺斯难民把拼音字母、艺术、箭术和各种体育项目带到了希腊，还教会了希腊人制造金器，大概代表迈锡尼文化的陵墓和宫殿也是米诺斯难民帮忙建造的。

米诺斯文明和一场火山浩劫的故事，包括亚特兰蒂斯的故事，在各种传奇中流传下来，由埃及人留给了柏拉图。柏拉图在书中写道："这里发生了猛烈的地震和洪水，在不幸的一天一夜中，全体人一下子陷入地底，亚特兰蒂斯岛也以同样的方式消失在大海深处……"

根据柏拉图的记述，亚特兰蒂斯是一个岛屿王国，面积约二百零七万平方千米，地中海都容不下它。所以柏拉图认为它在海克力斯之柱（今日的直布罗陀海峡）以西的大洋里，就这样，大西洋被称为亚特兰蒂斯。柏拉图还说，亚特兰蒂斯是在梭伦（雅典立法人）从埃及祭师那里得知亚特兰蒂斯消失以前的9 000年毁灭的。

考古学家指出，柏拉图的记述有些错误，比如他把埃及数字符号的"100"误认为"1000"。正确地说，那场浩劫是在梭伦之前900年发生的，正是公元前15世纪，与圣多尼亚火山爆发时间相一致。亚特兰蒂斯的面积应为20.7万平方千米，与地中海东部诸岛的范围恰巧一致。而且在希腊海岸，确实有两个叫"海克力斯之柱"的岬角。

从柏拉图对亚特兰蒂斯的描述来看，该岛国皇城所在的平原非常像克里特岛上米诺斯古城菲斯托斯所在的平原。而柏拉图对岛国上供

奉海神圣地的景象的描述，地质学家认为无论是地貌特征还是形状大小，都与圣多尼亚地区相吻合。直到今天，在海底火山口仍能辨认出水道和港口的遗迹。这些依据以及其他相似之处至少已使一位著名历史学家得出亚特兰蒂斯之谜已解开的结论。

圣多尼亚火山爆发的影响

圣多尼亚火山爆发对埃及北部可能产生的影响，是其另一重大意义。史书上记载，圣多尼亚火山爆发时，古埃及北部也深受火山灰和海啸巨浪之害，即史书上所称的"十大灾难"。毫无疑问，当时埃及正处于一种深重的灾难之中。

埃及北部大约 724 千米外，当时有许多以色列人在那里充当奴工。这些以色列人是不是趁着这次灾难爆发迁去"应许之地"的呢？《圣经·列王记》（上）第六章第一节写道："以色列人出埃及以后 480 年，所罗门做以色列王……"这就可以推断出以色列人逃出埃及的时间恰巧在圣多尼亚火山爆发前后。

《圣经》上提到法老王追击以色列人，还与他的军队一起淹死在海里，这件事在埃及的史籍中也有过记载。有些科学家认为，这场灾祸是圣多尼亚火山爆发时激起海啸造成的。可能在火山爆发后几个星期火山灰才落入海中。

希伯来文中的"Yam suf"的意义一说是"红海"，另一说是"苇海"，后者被大多数学者认同。根据考证，苇海即雪波泥斯湖，湖水带咸味，位于尼罗河与巴勒斯坦之间的西奈半岛北部，与地中海隔一道狭长的沙地。学者相信以色列人抓住爱琴海浪潮退去的空档，通过这座干枯的陆桥逃走，"水在他们左右"，大约二十分钟，埃及人在海啸巨浪卷回来的时候被淹没。

但有关这些"出埃及记"的说法非常脆弱，不过这些事情发生的时间实在太接近了，不能用一句"纯属巧合"一笔带过。这几件大事就好像拼图游戏中几块残缺的组件，学者们现在正努力找寻散失的组件，希望借此了解历史的真相。

神秘现象

圣潭的秘密

在帕尔斯奇湖东南部有一处深潭，它深不见底，人们称它为"不沉湖"或"上帝的圣潭"。这些年，在圣潭中发生了许多奇怪的事，也因此引来了许多游人和专家。但经过研究，专家们也没有解开圣潭不沉之谜，人们的探索仍在继续着。

名称的由来

在 19 世纪，有一家姓鲍伊的印第安人迁来此处定居，他们住在深潭的附近。一天，他们的木筏遇到了飓风。鲍伊一家 7 口人，有 5 人掉进了深潭。他们惊恐万状，拼命高呼救命。但是，木筏上的人不论怎么拼命划也无法靠近他们。

就在这时，奇迹出现了：那些在水中挣扎得精疲力竭的人们，在绝望之际发现自己并没有下沉，他们觉得像被什么东西托住似的。最终，他们得救了。

后来，有一个叫"蒙罗西哥"的法国人来到此地，不小心也掉进了深潭，他和前面的人一样也侥幸逃脱了厄运。事后他对人们说："就像是上帝用手把我托了起来，使我不能下沉。"从此，人们就称这个深潭为"上帝的圣潭"。

找不到深潭不沉的答案

"上帝的圣潭"的故事很快就传遍了世界，吸引了不少的旅游者。1974 年，到火炬岛考察的伊尔福德一行人也慕名来到此地。经过水质分析后，他们发现"圣潭"的水与周围的水没什么不同。因此，许多专家都猜测"圣潭"水下或许有特殊物质，使物体能够浮在水面上。

但是，这一说法很快又被另外的专家否定了。因为他们经试验发现，当人落水时，圣潭中的水与圣潭平静时的水的成分并没有什么不同。更让人称奇的是，不仅人无法沉入水底，就是钢铁也不会沉下去。

由于它的神秘，不少人曾提议将帕尔斯奇湖辟为旅游地区，以吸引更多的游客前来猎奇。

神秘现象
美容岛之谜

　　许多爱美的女孩子常常会遇到各种问题。春天要迎战干燥的空气，夏天要提防如火的骄阳，在寒冷的秋冬还要力争"美丽动人"。可娇嫩的肌肤才不理会你明天有没有约会，常常不打招呼就和你闹"面子危机"！意大利南部的美容岛就可以帮爱美的女性解决上述问题。

　　在意大利南部，有一个巴尔卡洛岛，岛上的泥浆可以使人体的肌肤更加洁白嫩滑，还能治疗妇女的腰痛并起到减肥作用。所以，这个岛是天然的美容岛。

　　巴尔卡洛岛对所有爱美的人来说是极具吸引力的。意大利人只要花一笔很少的旅费，便可以在这个美容胜地做一次全身"美容护肤"，还可以享受那里的日光浴和海水浴。每年夏天，岛上众多的泥浆池里，总是挤满了世界各地爱美的人们。许许多多的男女，穿着泳衣在泥浆里爬来滚去，往身上涂抹泥浆，连最爱漂亮的姑娘也愿意暂时变成"泥鬼"，为的是让自己在用清水冲洗干净后可以更加美丽动人。科学家在对岛上泥浆检测后发现，这座岛上的泥浆中含有一些可有效延缓皮肤衰老的活性物质。但这些特殊物质的来源地在哪里，为什么其他小岛的泥浆不具有这一物质，人们还无法得知其真正原因。

神秘现象

卡什库拉克山洞之谜

俄罗斯的一位科学家在西伯利亚地区卡什库拉克的神秘洞穴考察时，曾神奇地遇见过一位巫师，之后前去探险的学者，在洞内发现一股固定的低频脉冲定时出现。山洞中究竟藏有何种物质至今仍是个谜。

1985年，俄罗斯专家对位于俄罗斯的西伯利亚地区的神秘洞穴——卡什库拉克山洞进行了考察。考察结束后，几位前来考察的专家准备返回地面，在系好防护绳向上攀登时队伍最末端的巴库林回头看了一眼山洞。他竟然看到了一个巫师打扮的中年人。那个人不断向巴库林招手，似乎是让巴库林跟着他走。巴库林出于本能地想快点离开这里，可自己的腿却始终无法移动，最后他只好大声向洞外的队友求救。经过大家的努力，巴库林终于摆脱了洞穴中那神秘的"诱惑"，安全地返回了地面。

大胆的猜想

卡什库拉克山洞的外貌并不独特，与周围大大小小几百个洞穴差不了多少，可是一旦当人们进入洞穴后，便会有一种毛骨悚然的感

觉，并且觉得腿开始不听使唤了。可回到地面后又说不清楚究竟是什么使自己如此害怕。对于这种现象人们可谓是众说纷纭，有人认为在山洞中可能存在某种化学物质，这种物质可以对身处黑暗中的人造成各种压力和幻觉；

还有人认为这种现象可能和全息照相术有关。在某些特定的时间和物理条件下，山洞的岩壁能将以前记录下的某些信息再次显现出来，就像投影仪工作一样。其实，许多探险者都曾经历过类似巴库林的遭遇。

神秘的脉冲

为了弄清这一现象的真正原因，部分专家学者决定对卡什库拉克洞穴进行更加系统的考察。当专家们来到山洞深处时，突然发现随身携带的磁力仪上的数字开始不停闪烁。经过专家的测试发现，洞穴中存在许多信号，在这些信号里有一股固定的低频脉冲信号每隔一段时间便会出现一次。而这种脉冲信号发生时，人大脑就会感到非常压抑并惊慌失措。专家认为，有可能是这种低频脉冲信号造成人们心理和生理上的紧张。那么，这种脉冲信号是从哪里来的呢？大家察看了整个山洞也没有发现信号的出处。究竟这些脉冲信号是发给谁的，又起怎样的作用呢？人们相信，这些谜团将在不久的将来被解开。

神秘现象
沙地吃人之谜

当你立于沙地之上时，你可曾想到脚下这片看似平淡无奇的沙地很可能暗藏杀机？在莱茵河的上游，一条马路边的一块空地就是这样，它会在瞬间吞噬生命，甚至连重型卡车也会被瞬间吞没。这绝不是危言耸听，而是真实的事件。读了下面这则故事，你就会知道世界之大无奇不有了。

1959 年 5 月 17 日，在莱茵河上游的一条乡下路上，一辆载有 10 吨重货的重型卡车在急速行驶着。司机哈因利吉在这风和日丽的天气下行车，稍稍感到有几分困意。哈因利吉决定还是休息一下再走。于是他把方向盘一转，车子开进马路边的一块空地上去。车子驶进去的刹那，发出了"喀喀"两声响，便不动了。哈因利吉感到特别奇怪，引擎并没有停止，车轮也还在旋转，车子在坚固的沙地上怎么会不动？于是，哈因利吉把油门踩到底，再按点火栓，车子依旧"无动于衷"。再看外面，奇怪，车子已陷入地里了。他想打开门跑出来，但车门的下半部已经在地下动不了了。他几乎不能相信自己的眼睛，但是眼前发生的事实让他不得不信。此时哈因利吉灵机一动，把车窗打破，爬上卡车顶部，往下一看，车身的 2/3 已经陷入了沙地里边，而且还在继续下沉，发出"喀吱、喀吱"犹如人在吃东西时发出的声音。沙地仿佛变成了一只凶猛的动物，将一辆载有 10 吨重货物的车恶狠狠地吞了进去。哈因利吉使出浑身解数跳下车。但刚一跳下去，两脚就陷入沙地之中不能自拔，犹如陷入泥淖一样。哈因利吉慌乱极了，他拼命挣扎，所幸拉住一块硬地的草丛，死死地抓住它才爬了上来。

哈因利吉侥幸得救了，但是回头一看，那辆 10 吨重的大卡车却被深深地埋到地下，完全不见了。这片神秘的沙地胃口竟然如此之大！它到底拥有什么秘密呢？到目前为止，有关专家还无法搞清楚原因何在。

神秘现象

通古斯大爆炸之谜

发生在通古斯的大爆炸，留下了许多疑点而让后人众说纷纭。到底是陨石撞击了地球，还是一场热核爆炸，抑或是其他一些反常的自然现象导致了这次大爆炸，人们至今没能找到一个合理的答案。

神秘大爆炸

通古斯大爆炸是根据事发地附近的通古斯河而命名的。1908 年 6 月 30 日早晨，印度洋上空一个强度相当于广岛核爆炸数百倍的火球划过天空以风驰电掣般的速度向着遥远的地球北方冲去。不久后，一声震天撼地的巨响从西伯利亚中部的通古斯地区传来，巨大的蘑菇云腾空而起，直冲到19.31 千米的高空，天空出现了强

烈的白光，气温瞬间灼热烤人，灼热的气浪此起彼伏地席卷着整个浩瀚的泰加森林，近2 072平方千米的土地被烧焦。有人被巨大的声响震聋了耳朵。人畜死伤无数。英国伦敦的许多电灯骤然熄灭，一片黑暗；欧洲许多国家的人们在夜空中看到了白昼般的闪光；甚至远在大洋彼岸的美国，人们也感觉到大地在抖动……现在科学家认为是一颗彗星或者小行星的残片引发了历史上有名的"通古斯大爆炸"。

通古斯大爆炸发生在北纬60.55度、东经101.57度，靠近通古斯河附近。具体时间为早上7时17分，后来经估计，这次爆炸的破坏力相当于100万—150万吨TNT炸药，可让超过2 150平方公里内的6 000万棵树倒下。专家推测说，如果这一物体再迟几小时撞击地球，那么此次爆炸很有可能发生在人口密集的欧洲，而不是人口稀少的通古斯地区，那样所造成的人员伤亡和损失将不堪想象。

这次神秘大爆炸的威力巨大，以致因爆炸而产生的地震，波及美国的华盛顿、印度尼西亚的爪哇岛等地。同时，它那强大的冲击波横渡北海，使英国气象中心监测到大气压持续20分钟左右的上下剧烈波动。爆炸过后，西伯利亚的北欧上空布满了罕见的光华闪烁的银云，每当日落后，夜空便发出万道霞光，有如白昼。

一百多年来，科学家们一直没有停止对此事的调查，究竟是什么东西引起了如此巨大的爆炸呢？这一问题深深吸引着天文学、地球学、气象学、地震学和化学等领域的科学家们。

当地的通古斯人认为，此次大爆炸是上帝对他们的惩罚，一提起这场爆炸，他们便显得忐忑不安。

陨石引起爆炸

以苏联陨星专家库利克为首的科学考察队于1921年对通古斯地区进行了首次实地考察，他们宣称，爆炸是一次巨大的陨星撞击地球造成的。此次考察为科学地解释这一震惊世界的大爆炸奠定了基础。

但这一科学考察队一直未找到陨星坠落的深坑，也没有找到陨石，只发现了几十个平底浅坑。"陨星说"还只是当时的一种推测，并没有充足的证据。随后库利克又对此进行了两次考察，并且发现了许多奇怪的现象。他们发现，爆炸中心的树木并未全部倒下，只是树叶被烧焦；爆炸地区的树木生长速度加快；其年轮宽度由 0.4—2 毫米增加到 5 毫米以上；爆炸地区的驯鹿都得了一种奇怪的皮肤病——癞皮病；等等。

科学家说法不一

第二次世界大战后，由于人类首次领略了核爆炸的威力，有专家指出，通古斯爆炸有可能是核爆炸。那雷鸣般的爆炸声、冲天的火柱、蘑菇状的烟云，还有剧烈的地震、强大的冲击波和光辐射……这一系列的现象与通古斯大爆炸都极为相似。苏联科学家法斯特经过 35 年努力，拼出了爆炸区域内被毁树木的详解图，根据此图，科学家们推算出，造成爆炸的天体当时是自西向东飞行，在距地面 6.44 千米的高空爆炸，就此，大爆炸的真实原因逐渐露出端倪。

随着科学的不断进步，综合了各国科学家收集的材料，美国人甚至用计算机模拟出了大爆炸的真空效果。德国科学家提出这是一场"反物质"爆炸；美国科学家爱施巴赫认为这是宇宙微型黑洞爆炸；有人推测是一次热核爆炸；还有人推测这是外星人造访地球时飞船失事的结果。相信这一世纪之谜将会随着科技的不断进步最终被彻底揭开。

神秘现象
火山口上的冰川

　　既有冰川，又有火山这种地方似乎只有在小说中才会出现，但在现实世界中的确有这样神奇的地方。冰岛这个美丽的国度便将火山与冰川这两种本不相容的地貌和谐地融在一起，创造出如梦幻般的仙境，令人不得不感叹大自然神奇的创造力。

　　在冰岛的巨大冰原瓦特那冰川上，冰封的荒地正随着时缓时急的火山脉搏不断扩展、收缩和搏动着。

冰岛风光

　　冰岛居民主要散居在狭长的海岸线附近。从地质学来说，冰岛是新近形成的，并且这个过程仍在继续。它屹立在 6 400 千米厚的玄武岩上。在过去 2 000 万年里，大陆漂移使欧洲及北美洲慢慢背向移动，使大西洋海岭产生巨大的裂缝，玄武岩就是从这个"裂点"涌出来的。

　　当年维京人刚到冰岛时（学术认定是在公元 874 年），土地适宜农作物的种植。可从 500 年后的 14 世纪开始，冰岛气候大变，冰川侵入，海上的冰块激增。虽然 19 世纪后期气候有所好转，但有 1/10 的土地仍被冰川所覆盖，农作物种植受到限制。

　　冰川每年以大约八百米的速度流入较温暖的山谷中；当它在崎岖的岩床上滚动时会裂开形成冰隙。冰块到达山谷时逐渐融化消失，留下冰川从山上刮削下来的岩石和沙砾。

　　1927 年，一位邮差在横渡布雷达梅尔克冰川上的一座雪桥时，同四匹马一起坠入了深深的冰隙里。7 个月后，人和动物的尸体露出了冰面，这是怎么回事呢？原来是冰川上冰块的环形活动把上层的冰块卷到下面，又把下层翻卷上来。就这样，尸体被卷回了顶层。

神秘现象

魔鬼的脚印

魔鬼似乎只有在神话故事中才会出现，在现实生活中几乎没有人见到过。1855 年，在英国一处大雪覆盖的大地上出现了一行奇怪的脚印，它既不属于人类，也不属于动物，人们似乎只能用魔鬼的脚印才能解释这一奇异的现象，然而真相真的如此吗？

神秘的脚印

在 1855 年 2 月 9 日晚的一场大雪后，英国的伊斯河结了厚冰，雪停后，一道神秘的脚印出现在雪地上。

脚印长 10 厘米，宽 1.5 厘米，每只脚印相距 20 厘米。脚印形状完全相同，非常整齐，看过的人都说，那绝对不是鹿、牛等四脚动物的脚印。

而且奇怪的是，那些脚印从托尼斯教区花园出现，走过平原，走过田野，翻上屋顶，越过草堆，一直往前，似乎什么都阻止不了它。

人们看到了这些脚印议论纷纷，当地报社收到许多读者来信，报纸报导了这一消息并刊出了脚印照片，还有人带着猎狗去追踪。但当猎狗靠近树林时无论主人如何命令，它也不肯进入树林，只是对着树林狂叫不止。村民担心是猛兽，于是大家拿着武器四处找寻，结果一无所获。

当地教堂的神父表示，留下这种脚印的只能是魔鬼。因为只有魔鬼才是有蹄子而又能用双腿直立行走的。科学家当然不相信什么魔鬼，可到底是什么东西留下来的脚印呢？这至今仍是一个不解之谜。

神秘现象

滴水的房子之谜

　　《西游记》中的花果山水帘洞几乎无人不知，这样滴水的房子在现实世界中真的存在吗？答案是肯定的。更奇怪的是这滴水成帘的房子的顶棚却是干燥的。这一科学尚无法解释的奇异现象，带给人们的除了惊讶，更多的是麻烦和无奈。

　　1873年2月初，在英国兰开夏郡埃克斯顿，有一座房子发生了神奇的事情。房间里会不断地淌出水来，这给居住在这所房子里的居民带来了极大的麻烦，他们的衣服全部被浸透了，家具也都被损坏到无法修复的地步。最令人惊奇的是，房子的顶棚却是干的。

　　类似的离奇事情在其他地方也发生过。1955年9月的一个早晨，住在维尔蒙特的温造尔附近的沃特曼一家的家具上出现了水滴。有人立刻拭去这个海绵式的"露珠"，水滴很快又出现了。"露珠"时大时小，但很多。负责这个地区的工程师们按出售房子的条例，检查了所有的烟囱，但并没有发现什么异常情况——烟囱没有破裂，表面又绝对干燥，可为什么水还在不断地涌现呢？在一个大晴天，当一家之主沃特曼博士把一盘葡萄从一个房间端到另一个房间时，忽然发现盘子里竟装满了水。事情真是太神奇了！人们至今也无法弄清楚事情的真相。

神秘现象

通向大海的四万个台阶

爱尔兰海边的数万个石阶历经千百年来海浪的拍打、冲洗依然屹立不倒。这处令人赞叹的美景到底是人类的"鬼斧神工",还是大自然创造的奇迹?又有谁知道,这些通向大海的台阶,它的尽头到底是美丽的天国还是可怕的地狱?

爱尔兰北部海岸的一个海角,数以万计的多角形桩柱呈蜂巢状拼在一起,构成一道独一无二的阶梯,直通到海中。火山熔岩慢慢冷却后究竟会变成什么模样,这是最壮观的实例。

按照爱尔兰流传的神话传说,爱尔兰巨人麦科尔砌筑了一条路,从他在爱尔兰北部安特里姆郡的家门穿过大西洋,到达他的死敌苏格兰巨人芬哥尔在赫布里底群岛的根据地。可敌人却狡猾地主动出击,从自己的斯塔法岛来到爱尔兰。麦科尔的妻子骗芬哥尔说熟睡中的麦科尔是她襁褓中的儿子。芬哥尔听了非常害怕,襁褓中的儿子已如此巨大,他的父亲一定更加巨大,于是惊惶地逃到海边一处安全的地方,并立即把走过的路拆毁,令砌道不能再次重复使用。

令人惊叹的奇观

虽然科学家不知道这个名叫贾恩茨考斯韦角的海角是怎样形成的,但因何会流传这样一个神话却不难想象。砌道的规模远非古代人类所能创造的。从高空俯视,它确实像沿着275千米长的海岸,由人工砌筑出来的道路,而且还往北延伸了150米,进入了大西洋。大部分的柱桩都高达6米,有些地方的柱桩还要高一倍多。构成这条路的柱桩数目更是骇人:有三万七千多根玄武岩柱桩,全都是形状规则的多角形,大部分是六角形,还很紧密地拼合在一起,要插把刀子进去都很困难。

在麦科尔路的另一端,即距此120千米外,有一个斯塔法岛,四周全是40米高的悬崖环绕,如那条路一样,由笔直的玄武岩柱桩构成。在岛上,由英国博物学家班克斯爵士起名的芬哥尔洞深达60米,

洞的顶、底和四壁全是黑色的玄武岩柱桩。

贾恩茨考斯韦角的柱桩可分作三个天然平台，分别为大砌道、中砌道和小砌道。每组桩柱都被人起了古怪的名字，例如如愿椅、扇子、烟囱顶，以及名副其实的巨人风琴，因为这组柱桩高达12米，样子就像教堂里的风琴管。

自然创造的奇迹

贾恩茨考斯韦角于1692年由德里主教发现。在18世纪时虽然有几个人来过这里，但到18世纪末，它仍然鲜为人知。后来，德里主教委托都柏林学会和英国皇家学会的会员为此地绘制了一系列精确的素描和油画，才引起了科学界和世人对这批奇怪石头的注意。19世纪到过这里的小说家萨克雷说："这些石头看来像很久以前的神仙故事，里面关着个很老很老的公主，还有妖龙守卫着。"

撇开神话不谈，关于这条石道是怎样形成的，就有过多种解释。有人认为是石化了的竹林，或是海水中的矿物沉积所致。今天，大部分地质学家都认为它缘自火山活动。约在五千万年前，爱尔兰北部和苏格兰西部的火山开始活跃起来，地壳上不时出现火山爆发，涌出的熔岩流遍周围，深达180米。熔岩冷却后硬化，但在新的一轮火山爆发之后，另一层熔岩又覆盖在上面。熔岩覆盖在一片硬化的玄武岩层上，就冷却得很慢，收缩也会很均匀。熔岩的化学成分使冷却层的压力平均分布于中心点四周，因而把熔岩拉开，形成规则形状，通常为六角形。这个过程只须发生一次，基本形状确定下来后，六角形便会在整层重复形成。冷却过程遍及整片玄武岩，因而形成一连串的六角形柱桩。在首先冷却的一层，石头收缩，裂成规则的棱形，就像干涸河床上泥土龟裂一样。当冷却和收缩持续时，表面的裂缝向下伸展，直到整片熔岩把石头分裂成直立的柱桩。千万年以来，海洋侵蚀坚硬的玄武岩柱，造成今天柱桩的高低不一。冷却的速度亦对石柱的颜色有影响。石内的热能渐渐散失后，石头便氧化，颜色由红转褐，再转为灰色，最后成为黑色。

这条石道给世世代代的艺术家和作家带来不少创作灵感，其中最具代表性的要数19世纪的浪漫派艺术家。曾经有一位艺术家描述这条砌道说："造化的祭台与殿宇，其对称与典雅的外形，以及壮丽雄伟的气势，是造化才能成就之作。"

地球神秘现象

DIQIU SHENMI XIANXIANG

非 洲

神秘现象

石头杀人之谜

　　石头也会杀人吗？这让人们产生了深深的疑惑。在非洲的耶名山就曾发生过石头杀人的恐怖事件。究竟是石头本身具有致命的神力还是有其他不为人知的原因？

　　耶名山坐落在非洲马里境内，山上是一片茂密的森林，森林中生活着各种凶残的猛兽。然而，在耶名山的东麓，却极少有飞禽走兽的踪迹。就连当地的土著居民也对这个地方感到恐惧、厌恶，同时又非常敬畏。

　　在 1967 年春天，耶名山地区发生强烈地震。站在震后的耶名山东麓远远望去，远处的山峰笼罩着一种飘忽不定的光晕，尤其是雷雨天，更是绮丽多姿。当地人说，历代酋长的无数珍宝便珍藏在那里，从黄金铸成的神像到各种宝石雕琢而成的骷髅，应有尽有。那神秘的光晕就是震后从地缝中透出来的珠光宝气。但这个说法究竟是真是假，谁也不能证实。马里政府为了探明事实真相，派出了以阿勃为队长的 8 人探险队，进入耶名山东麓进行实地考察。探险队刚来到这里，就下起了大雨。在电闪雷鸣中，阿勃清晰地看到不远处那片山野

的上空冉冉升起一片光晕，光
亮炫目。光晕由红色变为金黄
色，最后变成碧蓝色。暴雨穿
过光晕，更使它姹紫嫣红。雷
雨刚停，阿勃便不顾山陡坡
滑、道路泥泞，下令马上向发
光处进发。探险队在途中发现
许多死人。这些死人身躯扭
曲，口眼歪斜，表情非常痛
苦。根据尸体可以判断这些人

已经死去了很长时间，但奇怪的是，在这么炎热的地方，尸体竟没有
一具腐烂。这些人可能是不听劝告偷偷进山寻珍宝的。可是他们为什
么会莫名其妙地死去呢？

　　探险队员继续四处搜寻线索。突然间，一名队员发现从一条地缝
里发出一道五颜六色的光芒，难道这真是历代酋长留下的珍宝？经过
一个多小时的挖掘，人们终于从泥土中清理出一块重约 5 000 千克的
椭圆形巨石。半透明的巨石上半部透着蓝色，下半部泛着金黄色光，
通体呈嫣红色。

　　探险队员们费了九牛二虎之力才把巨石挪到土坑边上。这时有一
个队员突然觉得四肢发麻，全身无力，另一个队员也感到眼前一片模
糊，接着队员们纷纷开始抽搐，并相继栽倒。此时，只有阿勃还保持
清醒，他想这一切可能与那块巨石有关。

　　他不由得想起那些死因不明的尸体，浑身不禁一颤。为了救同
伴，阿勃强拖着刚刚开始麻木的身体，摇摇晃晃地向山下走去，准备
叫人来。刚走下山，他就一头栽倒了。过路的人发现了躺在路边的阿
勃，把他送进了医院。经抢救阿勃终于清醒了过来，并将所发生的事
告诉人们。之后，他又闭上了双眼。医生检查发现，阿勃受到了强烈
的放射线的照射。

　　与此同时，相关部门就已经派出救援队赶赴山上抢救其他 7 名探
险队员，但那 7 名队员无一生还。而那块使许多人丧命的"杀人石"，
却异常神秘地从陡坡上滚下了无底深渊。科学家们想解开"巨石杀
人"之谜，但因找不到实物而无法深入研究，这便又成了自然界中一
个让人不解的悬案。

神秘现象

博苏姆推湖成因之谜

　　博苏姆推湖有着奇特的外形，它看上去像是人为地精心打磨而成，湖边没有任何凸出和凹陷之处，圆滑无比。然而这个内陆湖泊的形成原因，后人却不得而知。

　　博苏姆推湖拉于非洲加纳的阿散蒂地区，是加纳唯一的内陆湖。它的湖面直径有 700 米，湖的中心有七十多米深，整个湖呈圆锥形，四壁向中心陡下，好像用圆锥打出来的一样。对于这个世界罕见的圆锥形湖泊的成因众说纷纭，莫衷一是。人们比较容易想到的是陨石坠地爆炸所致，或是由于火山喷发留下的一个火山口湖。但是地质学家通过对阿散蒂地区的调查，并没有发现这一地区有陨石坠地爆炸的任何迹象，也没有发现这一地区在地质史上有过火山活动的记录。

　　另有一种推测认为，博苏姆推湖是人工开挖的。可是，在直径达 700 米的大圆上挖掘而看不出凸边或凹边，这是人力所办不到的。而且，挖掘出几亿立方米土石方造湖又是出于何种目的呢？对此没有人能给出满意的答案。于是，人们又借助想象：是不是外星人为降落到地球上来的飞船，而精心地构筑了这个类似信号塔的识别标志？一直到现在，博苏姆推湖的成因依旧是一个未解之谜。

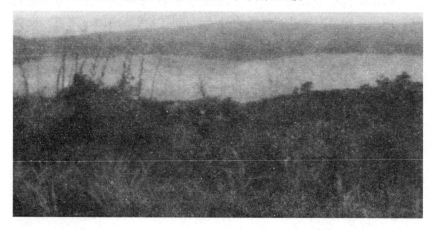

神秘现象

尼奥斯湖杀人之谜

1986 年 8 月 21 日喀麦隆发生一桩震惊世界的惨案，尼奥斯湖附近的居民在睡梦中莫名地死去，大批牲畜也窒息而亡。究竟是什么原因导致了命案的发生？人们迷惑不解。

尼奥斯湖位于喀麦隆帕美塔高原的山坡上。那里湖水清澈，草木茂盛，是旅游的好去处。住在湖区山谷里的人们生活一直非常平静，周围的一切都显得那么安静祥和。1986 年 8 月 21 日晚间，一阵闷雷般的轰响打破了黑夜的宁静，尼奥斯湖面中央突然掀起了八十多米高的水浪，澄澈的湖水顿时变得一片浑浊。大约半小时后，尼奥斯湖区山谷下的一千七百多名居民和不计其数的牲畜都离奇地死去……

隐形杀手

惨案发生后，多国科学家组成的调查小组立即对尼奥斯湖地区进行了实地考察。他们对湖水进行了取样分析，并详细听取了幸存者的陈述，发现原来凶手是尼奥斯湖所喷发的毒气。在 21 日夜里，尼奥斯湖突然喷发出的水浪中含有大量的硫化氢等有毒气体，这股强大的

气体比空气重，就像暴发的山洪一样沿着山坡倾泻而下，涌入了居民区，滚滚涌来的毒气导致低洼地带的大量人畜瞬间丧命。可是，尼奥斯湖为什么会喷发出毒气呢？

湖底的杀机

原来，尼奥斯湖是一个火山口湖，湖底的火山口一直在不断涌出二氧化碳、硫化氢等气体。但在湖水巨大的压力下，大量火山气体被迫积聚在湖底。而越聚越多的二氧化碳一旦找到出口，就会冲出湖面，其他火山气体也会随之喷涌而出。一些专家认为，湖底的水接触到火山口下炽热的岩石后，形成了一股强大的蒸汽，这股蒸汽将湖底含大量二氧化碳的水冲上了天。还有的专家认为，湖面的水流由于季节转换而变凉，同下面较暖的水形成对流，"引爆"了湖底的二氧化碳。但众多专家始终未能就尼奥斯湖喷发毒气的原因达成共识。

为尼奥斯湖排毒

从1986年尼奥斯湖喷发毒气至今已有三十多年，此后，它再度陷入了沉寂。但是，沉寂是否是在酝酿下一次喷发呢？为此，科学家们从2001年起开始尝试为尼奥斯湖排掉湖底的毒气，具体做法是将排气管插入湖底，将湖底的二氧化碳等有害气体导出湖面并有序释放，以避免毒气在湖底聚积再度喷发。但由于资金等客观条件的限制，目前所安装的排气管远远达不到彻底排毒要求，加之尼奥斯湖每天仍在积聚毒气，目前湖水中有害气体的含量甚至比1986年灾难发生时的含量还要多。

神秘现象

石头教堂之谜

每年 1 月 7 日埃塞俄比亚圣诞节这一天，埃塞俄比亚的基督教信徒们会汇集到有着"非洲奇迹"之称的拉利贝拉。这些由整块巨石雕凿而成的教堂，以其雄伟和壮丽吸引了无数游客。到底出于什么原因使拉利贝拉国王做出建造圣城的决定，至今无人知晓。

岩石的"秘密"

埃塞俄比亚的岩石教堂举世闻名，最有名的当数亚的斯亚贝巴以北三百多千米的拉利贝拉岩石教堂。拉利贝拉岩石教堂由 11 座基督教堂构成，每一座教堂都是由整块的巨大岩石雕凿而成。所有建筑大体上采用拜占庭教堂的布局风格，有长方形会堂和三个供信徒进出的门。拉利贝拉教堂始建于 12 世纪后期拉利贝拉国王统治时期，拉利贝拉岩石教堂即是以这位国王的名字命名的，并有"非洲奇迹"之称。它是 12 世纪和 13 世纪基督教文明在埃塞俄比亚繁荣发展的非凡产物。

据现代人所知，葡萄牙的神甫阿尔瓦雷斯在 16 世纪的时候成为第一个来到这里的人，看到这件用岩石雕刻而成的巨型杰作，他不禁发出了"举世无双，不可思议"的感叹。400 年以后，拉利贝拉依然令人叹为观止。教堂里面不仅有中殿、通道、祭坛，而且还有凿去岩石而造成的院子，到访的人对此奇景只能不停地发出赞叹。

多种传说

虽然我们难以考证这一奇景是谁设计建造的，但可以确定的是，拉利贝拉教堂一定是 13 世纪前期统治埃塞俄比亚的拉利贝拉国王受幻象感召而雕凿的。

拉利贝拉统治时期被称为扎圭王朝，统治大约持续了一百五十年。拉利贝拉统治时期之前的名字是罗哈城，之后为了纪念这位国王的功绩而改成了现在的名字。据传说，拉利贝拉的世系并不够正统，但他十分忠于历代信奉的宗教，而埃塞俄比亚王朝早在公元 4 世纪时

就信奉基督教了。

当地流传的神话中曾说，基督曾经在拉利贝拉国王的梦中揭示天使会帮助石匠工作，这使拉利贝拉萌生了建造圣城的计划。特格雷省中部还有好几百座用整块巨石雕凿而成的教堂，虽然比不上拉利贝拉的精美，但却无法在世界其他地方找到这样的教堂，这是作为证明这种建筑风格为埃塞俄比亚所独有的最好证据。许多专家学者相信，神话传说固然不可尽信，但当地的石匠很可能是受到来自亚历山大港和耶路撒冷的巧匠和雕刻师的指导而修建这种教堂的。

巧夺天工

拉利贝拉教堂显示了石匠高超的雕刻技巧。有人曾经做过粗略的统计，拉利贝拉教堂的建成，至少需要凿出 10 万立方米的石头。每座教堂都是一件独特的艺术品，从恢宏大气的支柱到精雕细琢的窗花，都是在矗立的岩石上精心雕刻的成果。教堂虽然距今已经有八百多年的历史，但仍然保持了原本的风貌，没有大的损坏。

据后人的猜想，要想完成这样宏伟的工程，石匠可能是先在山麓中开凿了长方形的深沟槽，形成一座直立的巨大长方形岩石，然后石匠们从顶上开始，围绕着岩石按照由上至下的顺序进行雕凿。拉利贝拉的岩石质地并不十分坚硬，雕凿起来并不十分困难，但当时的工匠们是怎么解决照明和通风问题的呢？考古学家们一直对此疑惑不解。

拉利贝拉的夏季经常大雨倾盆，而有些教堂矗立在巨大的坑穴里，在内部施工的石匠很有可能被困在水里，因此石匠们非常聪明地在工地底部削出一道斜坡来解决这个问题。斜坡的顶部和排水边沟略带倾斜，这是非常有效的预防措施，即使是再大的降雨也不能造成被淹没的危险。

现在的拉利贝拉已经成为一个旅游胜地，只要天气和安全情况允许，游客便络绎不绝。但教堂神秘的气息却并没有被削弱，因为人们一直在不停地猜想，到底是什么促使那位国王做出在那个时代、那个地方进行这么庞大的一个工程的决定呢？

神秘现象
大津巴布韦之谜

"大津巴布韦"是非洲大陆上一大文明奇观。来到这里参观的人都为它精巧、宏大的规模而感叹。从建筑工艺的角度看，该城完全可以与那些一千多年前修筑的欧洲古堡相媲美。作为古代非洲文明的见证，这里有着许多谜团等待后人破解。

神秘的废墟

位于非洲大陆南端的津巴布韦共和国以盛产祖母绿而闻名，然而最使津巴布韦人民骄傲的不是富饶的物产，而是他们国名的由来——大津巴布韦遗址。

在这个国家里布满了许多石屋废墟。1871年德国地质学家莫赫首先发现了这些石屋废墟。经过后来的考证，科学家们确信，这座由坚硬的花岗岩石块砌造而成的石城，是由非洲黑人建造的，这些遗迹被称为津巴布韦（津巴布韦在当地班图语中是"石头房子"之意），这便是津巴布韦国名的由来。

石城位于津巴布韦东南方，这些顶部已经倒塌的石块建筑，占地面积约为0.24平方千米，其中有一座位于山顶的石砌围城可以俯瞰全城，有人称之为"卫城"。不过这样的称呼并不确切，因为后来有人考证认为，"卫城"并不是用于防卫的，而是一组贵族所居的宫室，也有人认为是用来观赏风景的。山下的河谷里有一道围墙，围墙围绕着一块92米长、64米宽的地方，在围墙与"卫城"之间则是一片神庙的废墟。

历史悠久

对于石城的历史，莫赫试图从基督教《圣经》中找到答案。其中有一段关于示巴女王的记载，3 000年前非洲有一个黄金贸易非常发达的的地方，积聚了大量的财富。将这些描述综合起来看，津巴布韦的这座石城很可能是那时候黄金贸易的副产物。也有人说，津巴布韦可能是所罗门王所设立的宝藏藏匿之处，这笔宝藏可能为当时的朝廷提供了大量的财富。

这座非洲石城是什么时间建立的呢？如果按照《圣经》中所说的，就应该是在基督诞生前1 000年建造的。但许多考古学家都对此持怀疑态度，比较有影响的是苏格兰专家兰德尔·麦基弗的质疑。在对废城进行仔细研究后，他断定这些石块的历史只有几百年，而不是几千年，正如上文所提到的那样，这座石城是由当地的非洲黑人所建造的。英国的考古学家卡顿·汤普森也确认了这一研究成果。后来其他考古学家也纷纷对这一观点表示赞同，而且，这个观点也与班图语系各民族的历史传说相吻合。在传说中，这些民族从现在的非洲奈及利亚地区逐渐向东南迁徙，到基督纪元某个时期，占据了非洲东部和南部。

石城的秘密

通过对发现的一些文物的鉴定，证明卫城上最早的人类迹象始于公元2世纪或者公元3世纪。到了1200年前后，今天绍纳人的祖先姆比雷人控制了这片区域。姆比雷人在采矿、手工艺和经商方面都曾经有着出色的表现，他们曾经建立了一个十分完善的政治体系。那些花岗岩高墙大概就是在他们文化全盛时期建造的。而神殿和围墙是相对来说较晚的建筑物，其他的那些房舍，据鉴定，大约是公元前1 200年之后的两三个世纪才建造起来的。

历史学家通过对该地的古今地理特征研究发现，当地居民大约在16世纪初将此地的资源消耗殆尽，于是发生了大规模的迁移。这也许是卫城如今是废城的原因。但无论如何，当年的巧夺天工的技艺还是令我们赞叹不已。

神秘现象

撒哈拉绿洲之谜

撒哈拉沙漠的气候条件极其恶劣，因此有人称其为"地球上最不适合生物生存的地方"之一。可能正是因为它的荒凉、孤寂，才成为探险家心中"世界十大奇异之旅"之一。然而，它从古至今就是这个样子吗？奇妙的山洞岩画又在暗示着什么呢？

撒哈拉大沙漠地处非洲北部，西起大西洋，东到红海，纵横于大西洋沿岸和尼罗河河畔的广大非洲地区，总面积约八百万平方千米，是世界上面积最大的沙漠。撒哈拉大沙漠是由许多大大小小的沙漠组成的，平均高度在海拔 200—300 米，中部是高原山地。它的大部分地区的年降水量还不到 100 毫米。干旱的撒哈拉地区气温最高的时候竟可以达到 58℃。在撒哈拉大沙漠中，放眼望去均是沙丘、沙砾和流沙。所以，"撒哈拉"一词在阿拉伯语中是"大荒漠"的意思，它非常形象地说明了撒哈拉大沙漠是多么荒凉。

那么，撒哈拉大沙漠从古至今一直都是这样荒凉吗？

曾经的绿色平原

人们经过艰苦探索，终于发现远在公元前 6000 年—公元前 3000

年的远古时期，撒哈拉大沙漠竟是一片绿色的平原。早期居民曾经在那片绿洲上创造出了非洲最古老而灿烂的文明。

19世纪中叶，德国一位叫巴尔斯的探险家在阿尔及利亚东部的恩阿哲尔高原地区意外地发现了几处古代的文化遗址。那一天，巴尔斯在恩阿哲尔高原地区考察时，前边出现了一处高高的岩壁。巴尔斯抬头一看，只见那高高的岩壁上好像刻画着许多精致的岩画。巴尔斯走到岩壁前仔细观察，他发现这些图案当中除了刻有人和马的形象外，竟然还刻画着水牛的形象，而且水牛的形象刻画得特别清晰。

巴尔斯感到非常惊讶，撒哈拉大沙漠里怎么会有水牛的岩画呢？巴尔斯感到非常费解。不久，巴尔斯在撒哈拉大沙漠的其他沙漠地带，也发现了刻有水牛形象的岩画。这时，巴尔斯开始思考：撒哈拉大沙漠里有水牛的岩画，这说明这里曾经生活过水牛，不然，人们不会凭空想象出水牛的形象并把它刻画在岩壁上。

既然这里有水牛，那就可以断定这里在远古时代一定会有水和草，不然，水牛又是从何而来的呢？既然这里有水牛，也就可以说明在远古时代一定有游牧民族在这里居住过。如果按照这种方法往下推理，撒哈拉大沙漠在远古时代一定是个水草丰茂的绿洲。

沙漠惊现大量草原动物岩画

后来，巴尔斯在恩阿哲尔高原地区的岩壁上，还发现了犀牛、河马和其他一些在草原或丛林里生活的动物的岩画。他还惊奇地发现，在这些岩画里竟然没有骆驼这种动物。巴尔斯推测：有沙漠的地方，就会有骆驼；只有在有水和草的草原上，才会有水牛和河马。这就说明这里在远古时代一定是有水、有草的绿洲，而不是像现在到处都是沙丘和流沙的样子。于是，巴尔斯把撒哈拉大沙漠的历史分成了前骆驼期和骆驼期，用来说明撒哈拉大沙漠的草原时代和沙漠时代的鲜明界限。

后来考古学家们都普遍采用了巴尔斯这种对撒哈拉大沙漠的历史分期法。

绿洲时代的消逝

20 世纪 30 年代，一位叫法拉芒的法国地质学家，来到阿尔及利亚的奥伦南部进行考察。他在那里也发现了一些古代洞穴壁画。经过认真仔细地研究，法拉芒觉得巴尔斯把撒哈拉的历史分成草原时代和沙漠时代是非常合理的。法拉芒还发现这些早期的古代洞穴壁画作品当中经常可以看到水牛的形象，到了晚期又忽然没有了水牛的形象。这是怎么回事呢？

法拉芒认为，那时候撒哈拉地区的自然条件肯定是突然发生了重大变化，也就是说这里的水源没有了，撒哈拉才逐渐变成了沙漠。这么一来，撒哈拉地区原先的那些水牛也就没有办法再生存下去了。没有了水牛，居住在撒哈拉的人们当然也就不再去刻画它了。

撒哈拉地区的绿洲时代已经确定下来，那么撒哈拉的绿洲时代是什么时候结束的呢？它的沙漠时代又是什么时候开始的呢？也就是说，撒哈拉的文明是在什么时候衰落的呢？

科学家们发现：大约在公元前 3000 年以后的撒哈拉壁画上，那些水牛、河马和犀牛的形象逐渐开始消失了。这就说明，那时候撒哈拉地区的自然条件正在发生着深刻变化。到了公元前 100 年的时候，撒哈拉地区所有的壁画几乎都"消失"了，撒哈拉地区的文明也就开始衰落了。

撒哈拉文明衰落之谜

科学家们经过分析和研究推测，这也许是由于那时候水源开始干涸，气候变得特别干旱，要不然就是发生了饥荒或疾病。科学家们认为，撒哈拉地区的草原逐渐变成沙漠大概经历过这么一个过程：撒哈拉地区先是气候突然发生变化，雨水迅速减少；一部分雨水落到干旱的土地上以后，很快就被火辣辣的太阳蒸发掉了；另一部分雨水流进了内陆盆地，可是由于水量不多，也就滞留在了那里，盆地增高以后这些水就开始向四周流淌，形成了沼泽。经过一年又一年的变化，沼

泽里的水分在太阳光的照射下慢慢变干了，这样就形成了沙丘。这时候，撒哈拉地区的气候变得更恶劣了，风沙也越来越猛烈。生活在这里的人们又不知道保护自己的生存环境，仍在大量砍伐树木和毫无节制地放牧，撒哈拉地区也就慢慢变成了沙漠地带。经过科学家们测定，山洞岩画上的骆驼形象大约是在公元前200年出现的。也就是说，至少在公元前200年的时候，撒哈拉就已经变成了一片茫茫的沙漠。

撒哈拉岩画之谜

经过科学家们的不断探索，撒哈拉地区的"绿洲之谜"终于初步揭开了。不过，科学家们对一些问题还是无法解释清楚。科学家们看着这些撒哈拉大沙漠里的岩画，不由得产生了这样一个疑问：在技术水平相当落后的史前时期，他们是用什么办法来创作这么多的岩画呢？

有的科学家说，阿尔及利亚的恩阿哲尔高原有一种岩石，叫赭石色页岩。它能画出红、黄、绿的颜色来，而且色彩十分艳丽。后来科学家们还在有岩画的山洞里发现了一块调色板，上面的颜料就是用这种页岩制作的。在这个调色板旁边，科学家们又发现了一些小石砚和磨石。所以说，史前时期生活在撒哈拉地区的人们也许是先用一种特别锐利的燧石，在岩壁上刻出野生动物和人物形象的轮廓来，然后再把用赭石色页岩做成的颜料涂抹上去的。

然而，又一个谜团产生了——撒哈拉地区山洞里的那些岩画经历了数千年，为什么没有褪色，还是那样艳丽呢？这个问题，直到现在也没有确切的答案，成了一个千古之谜！

"伟大的火星神"

　　1956 年，亨利·诺特在阿尔及利亚阿哈加山脉东北面，发现了一个山洞，那里有一幅 6 米高的彩色人物岩画。这是一幅半身人像，刻画了人物的头、肩膀、两只胳膊和上身，奇怪的是没有嘴巴、鼻子、眉毛。更令人惊诧的是，这个人像的两只眼睛，一只眼睛在脸的正中央，而另外一只眼睛却长到了耳朵边上，那模样显得特别怪诞和滑稽。当时，亨利·诺特觉得岩画上的这个人物简直就像是另外一个星球上的人，于是诺特给这个人像起了一个名字，叫作"伟大的火星神"。

　　后来，许多看过这幅壁画的人，也都感到特别惊奇。因为它的表现手法，居然和法国现代派绘画大师毕加索的人物肖像画的手法极其相似，而且，壁画中的人物外形和毕加索作品中的人物外形也十分相像。

　　人们除了惊叹以外，又提出了这样一个问题：撒哈拉地区那些远古时期的人们为什么要用这种变形的艺术手法来表现人物？这当中又有什么奥秘呢？

　　以上的问题，一直到现在也没有答案……

神秘现象
乞力马扎罗山之谜

雄伟的乞力马扎罗山屹立于广阔的非洲大陆上,以其独特的景观闻名于世。远远望去,乞力马扎罗山拔地而起,高耸入云、气势磅礴。神奇的是,这座位于赤道附近的山峰却终年积雪,在缥缈的云雾之中,若隐若现,茫茫的白雪更使其显得神秘而圣洁。

天然雪峰

乞力马扎罗山地处东非坦桑尼亚境内,与肯尼亚接壤,山长100千米、宽75千米。

希拉山是海拔最低的山峰,是最初熔岩喷发形成,受到侵蚀作用后,形成了海拔3 778米的高原地形,而马文济山俨然就是基博山附近的一块疙瘩。

神奇的自然景致

乞力马扎罗山的山麓地带已经开辟为肥沃的农田,繁茂的热带雨林始于大约海拔2 000米处,在那里有着丰富的生物种类。

乞力马扎罗山突兀地耸立在它周围的平原之上,因此乞力马扎罗山本身的气候会受到影响。从印度洋吹来的东风到达乞力马扎罗山后,遇到陡立的山壁的阻挡向山上攀去,气流里的水分在不同的高度会转化为雨水或霜雪,铺满山峰的冰雪很少是源自山顶的云,而是来自山下上升形成的云。所以山上的几个植被带与周围平原的热带稀树草原虽处在相同纬度却类型迥异。

乞力马扎罗山一年里来访的游客有上万人,人们被这座处于赤道附近却终年积雪的山峰所吸引,而这其中的原因只有科学家们才能解释清楚。

神秘现象

东非的"磬吉"之谜

位于马达加斯加北部的安卡拉那高原上，有着东非著名的"磬吉"。锋利而密集的石柱、声如破钟的岩石、无法穿越的尖石阵、奇特而稀有的动物，这一切构成了一个奇妙的世界。所以吸引了无数游人到此观光，也留下了许多未解之谜。

恐怖之地

在东非地区那 180 米高的石灰崖顶上有个与世隔绝的世界，这里遍布着剃刀般锋利的尖峰，有些高达 30 米，即使最坚韧的皮靴几分钟内就会被削成碎片，人一旦失足便会头破血流或粉身碎骨。在这里，大眼睛的狐猴像可怕的鬼魅一样藏身树上；凶猛的鳄鱼深居于地下的洞穴里；只要捏死一只野蜂，树上的蜂群就会一起出动用刺猛螫。

可以说，马达加斯加北端的安卡拉那高原是这个岛上最不可思议的地方。马达加斯加南北长 1 600 千米，距东非洲海岸 600 千米，是世界上第四大岛，面积 60 万平方千米。马达加斯加因为岛上泥土的颜色是红色，故而又名"大红岛"，因为人为的破坏，现在岛上的泥土大量被冲蚀到海里。岛上还有一些在其他地方见不到的生物。

最初，马达加斯加岛完全被夹在印度南端、非洲东岸和南极洲北岸之间。在恐龙时代，非洲与马达加斯加岛是一块并未分割的土地，恐龙可以从非洲缓步到马达加斯加。马达加斯加与非洲分裂后的数百万年间，动物依靠漂浮的植物通过海峡来到了岛上。4 000 万年前，海峡明显变宽，生物的迁徙不得不终止。而在公元 500 年从印尼乘船而来的宾客成了岛上的第一批居民，在这时邻近的东非还未有人来到马达加斯加岛。安卡拉那高原是典型的喀斯特石灰岩地貌。每年近 1 100 厘米的降雨量，再加上千万年的冲刷使尖硬的岩石被雨水溶掉了，溶掉后又形成了锋利的尖柱、尘锥以及峰脊。

当地人称高原中部那些令人生畏的岩石为"磬吉"，因为敲击时

会发出破钟似的低沉声。但这种岩石为何发出这种声音，却无人能够解开。马达加斯加人说"磬吉"没有一处容得下一只脚的平地。一些学者和专家曾试图努力穿过曲折的尖石阵外围，最后也都无功而返。少数尝试穿越"磬吉"的人认为乘飞机从上空一个安全距离俯瞰"磬吉"是一种最好的选择。

野生动物多种多样

随着马达加斯加的土地大量地被开垦，导致野生动物的生存环境受到破坏。不过贝马拉哈保护区和安卡拉那高原仍能为稀有动物提供保护。在马达加斯加的狐猴就有几种生活在石灰岩中的树上和尖峰的缝隙中。

狐猴属低等的灵长类动物，与猿、猴和人类有远亲关系。狐猴中较大的原狐猴喜欢在白天的时候集体觅食，而稀有侏儒狐猴却喜欢在夜间单独寻找食物。

这里还有一种穴居的鳄鱼，身长可达6米，能够把人抓住吞食。在旱季（5月—10月）鳄鱼生活在安卡拉那的河中。

当然人们无须太过担心，因为这种鳄鱼要在阳光下才会活跃起来，而地下水的温度在26℃以下，它们处于近乎休眠的状态。

马达加斯加还有二百五十余种鸟类，可谓种类繁多，其中这里独有的鸟类就有100余种。而砍伐雨林和异地游客不负责地猎杀是造成鸟类数目锐减的主要原因。

隆鸟的灭绝让我们更深刻地认识到人类造成的破坏。最后见到隆鸟的记录是1666年，隆鸟曾是世上最大的鸟，它不会飞，身体比鸵鸟要大，体重可达450千克，它的卵比鸵鸟卵大5倍。

变色龙也受到了威胁，世界上有一半种类的变色龙产于马达加斯加岛。它们从不伤人，马尔加西人却很怕变色龙，在他们看来人死了未能安息的灵魂就附在变色龙的身上，他们还相信变色龙那两只能各自转动的眼睛一只可回顾过去，另一只可展望未来。

让人高兴的是，拯救濒临绝种动物的计划已经落实到行动上。

此外，绿色旅游的实施，可确保安卡拉那的稀有动植物不再受破坏而繁衍下去。专家学者对这一地区的研究和探索仍在继续，并试图解开他们心中的疑惑。

神秘现象

东非大裂谷成因之谜

东非大裂谷是世界大陆上最大的断裂带，它如一条鲜明的伤疤刻在地球的表面。然而这道神奇的裂痕的形成原因却令人猜测不已，至今众说纷纭。

当人们乘飞机飞越浩瀚的印度洋，在途经东非大陆的赤道上空时从机窗向下俯视，便会见到地面上有一条醒目的巨大的裂缝，它就像一条狭长而又阴森的断涧将非洲大陆割裂开来。人们把这道大裂缝形象地称为地球身上最大的"伤疤"，这便是著名的东非大裂谷。

地壳断裂

东非大裂谷全长六千多千米，它位于非洲东部，南起赞比西河口一带，向北经希雷河谷至马拉维湖。地质学家们经过考察研究认为，东非大裂谷大约于三千万年以前形成，那个时候地幔上层的热对流运动引起了地壳断裂，而强烈的地壳断裂运动造成了东非大裂谷。同时东非的地理位置也为大裂

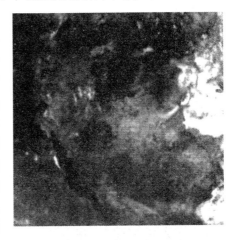

谷的出现创造了极佳的条件。东非处在地幔热对流上升流的强烈活动地带。在上升流的作用下，东非地壳抬升形成高原，上升流向两侧相反方向的分散作用使地壳的脆弱部分张裂、断陷而成为裂谷带。

裂谷将来

东非大裂谷如果是由地壳运动引起的，还会不会随着持续不断的地壳运动而继续扩大呢？相关资料显示，近200万年来，东非大裂谷张裂的平均速度为每年2—4厘米，这一作用在近200万年来一直在持续不断地进行着，裂谷带一直在不断地向两侧扩展。科学家依据地幔热对流理论断言：如果照此发展下去，终会有一天，东非大裂谷终会将它东面的陆地从非洲大陆分离出去，从而产生一片新的海洋以及众多的岛屿。

地球神秘现象
DIQIU SHENMI XIANXIANG

大洋洲

神秘现象

大堡礁形成之谜

　　大堡礁是世界上最大的珊瑚礁区，是世界七大自然景观之一，几千种珊瑚、鱼类和其他的海洋生物将此地作为它们骄傲的王国。大堡礁是澳大利亚人最引以为豪的天然景观，又称为"透明清澈的海中野生王国"。那么，大堡礁是如何形成的呢？这仍有待于人们进一步研究。

珊瑚虫创造的奇迹

　　大堡礁纵向断续绵延于澳大利亚东北岸外的大陆架上，是一处绵延 2 000 千米的地段。它是由三千多个不同生长阶段的珊瑚小岛、珊瑚礁、伪湖和沙洲组成的，在南岸马尼福尔德附近，珊瑚岛宽达320 米。

　　面对如此美丽的自然奇景，人们不禁想问，这些珊瑚礁是怎么出现的呢？不可思议的是，营造如此庞大"工程"的"建筑师"竟然是直径只有几毫米的珊瑚虫。

　　珊瑚最早被归为植物类，但事实上珊瑚是一种叫作珊瑚虫的无脊椎动物。每个珊瑚礁都是由底基和表层两部分构成，其底基是由死珊瑚虫骨骼沉积而成，表层是活着的珊瑚虫构成的。珊瑚虫从其裂缝或者小孔中钻出来觅食。

　　珊瑚寄居在海藻上，形成珊瑚礁。珊瑚保护海藻，并为其提供养分。而海藻这种植物利用阳光制造珊瑚的食物作为回报。更为重要的是，海藻能够促进珊瑚将海水中的钙盐转化为碳酸钙，使珊瑚形成骨骼。离开海藻，珊瑚便无法形成珊瑚礁。珊瑚虫对存活条件要求很苛刻：任何沉积物都会妨碍其捕

捉食物，因此海水必须清澈，另外，水温全年不能低于21℃，并且海底必须多岩石以便于珊瑚骨骼固定。

品种繁多

大堡礁至少有三百五十种珊瑚，这些珊瑚姿态各异、绚丽多彩，把这里装点得异常美丽。珊瑚栖息的水域颜色从白色过渡到靛蓝色，珊瑚则有淡粉红、深玫瑰红、鲜黄、蓝色、绿色等各种颜色，鲜艳亮丽。

种类繁多也就意味着生存竞争激烈。如何能获得更多的阳光，成为种族延续的重要问题，珊瑚们八仙过海各显神通。有的通过增大体积来抢占阳光，比如鹿角珊瑚每年即可增大26立方厘米，有的可以根据所在的海水深度改变形状，在阳光稀少的时候长成扁平的形状，阳光丰富的时候就长成手指的形状。

珊瑚礁的温度、湿度、清晰度以及食物的种类都会因其群落内环境的不同而不同，因此大堡礁内的众多生物都能在这里找到各自喜欢的生存环境。海参吐出的细碎贝壳和沙粒沉入海底之后，可以填补珊瑚底基的裂缝，能保护礁石。除了甲壳、贝壳类动物和海葵、鸟雀之类，仅鱼类就有一千四百多种。

鱼类为了适应这里的环境也需要对自身进行一些改造。钳头蝴蝶

鱼长出管状的长嘴，这样就可以插入缝隙中寻找食物。彩蓝条纹的隆头鱼是这里的清道夫，它们以别的鱼身上的寄生物为食，这样既帮助别的鱼保持了健康，也不用再为自己的食物发愁。不过还有一种冒牌的清道夫，它们的外表和隆头鱼很像，但它们可不吃寄生物，它们会直

接咬掉那些被它们的外表欺骗的鱼身上的肉。有些鱼为了吸引配偶长得五彩斑斓，也有的为了保存性命将自己伪装成布满海藻的岩石。

微妙生态平衡

珊瑚礁的生态平衡非常微妙，一旦被改变就可能会造成灭顶之灾。20世纪六七十年代的时候，游客捡光了礁石上的法螺，法螺是刺冠海星的天敌，刺冠海星又是珊瑚的天敌。所以刺冠海星因为天敌的减少而迅速增长的时候，珊瑚礁就大片死亡。后来人们虽然采取许多措施保护了法螺，但部分珊瑚礁的生态平衡需要至少四十年的时间才有可能恢复。

某些春季的夜晚，大堡礁会出现非常壮观的奇景。在不知名的诱因下，所有的珊瑚虫会一起呈现出鲜艳的颜色，然后会释放出卵子和精子，幼珊瑚虫便产生了。它们随着潮汐四处游走，寻找适合自己的环境，建造新的珊瑚礁。

珊瑚礁一刻不停地生长，露出水面之后很快盖上一层白纱，植物在其上生长。这些植物的生长繁殖速度快得惊人，它们会结出一种可在海上漂浮数月的耐盐的果实，直到漂到某个适合的环境，就开始了新一轮生长。生存在礁石上的鸟类的粪便使礁石上的土壤更加肥沃，一些植物的果实也借着这些鸟类的粪便散播到各地，当然也有一些是靠粘在鸟的羽毛上旅行的。

地球最美的"装饰品"

大堡礁堪称地球上最美的"装饰品"，像一颗闪着天蓝、靛蓝、蔚蓝和纯白色光芒的明珠，即使在月球上远望也清晰可见。但是，当初首次目睹大堡礁的欧洲人并没用丰富的词汇来描述它的美丽，颇令人费解。这些欧洲人大部分是海员，也许他们脑子里想的是其他事情而忽略了大自然的美景。

神秘现象
澳洲大陆之谜

澳洲这块南半球唯一的大陆似乎从来都不缺少神秘。在面积为770万平方千米的土地上似乎到处都充满了待解的谜题。古代埃及是否曾在这里经商，中国明朝的瓷器为何出现在这里，历史上又是谁最早发现了这片神奇的土地？

澳洲是南半球的唯一大陆，也一直是世界上最孤立的地区。大陆的三面都被海洋包围，只有正北方的岛屿成为让人们登陆这里的通道。但这些岛屿被容易迷航的曲折海峡所包围，使这片陆地之外的人们来到这里变得异常困难。正因如此，在18世纪后半期之前，这块770万平方千米的大陆从未受到那些文明世界的殖民者的侵扰。

神秘的澳洲大陆

过去在西方世界，一直都有人相信澳洲大陆的存在，即使一直没有人发现，但希腊人还是坚定地认为南半球一定有一片与北半球的陆地相对应以保持陆地平衡的大陆存在。希腊的历史学家在约公元前350年的史书里提道："有欧洲、亚洲、利比亚各岛屿，还有一片非常广阔且无法测量其大小的大陆存在着。在这片陆地上有茂密的牧草，该地区所饲养的一些庞大而健壮的家畜，比我们现在所饲养的家畜要大1倍以上；而且该地区人类的出生率也比我们高得多。该地有很多城市及地区，他们所奉行的法律和条文也和我们完全不同。"古希腊人或罗马人对赤道另一边的世界心存恐惧，希腊早期的地理学家在亚历山大时代对马来半岛有了一定程度的了

解后，才逐渐地消除了人们的恐惧，希腊人的脚步，开始迈向了东方和南方。

传统上，人们根据肤色将世界上的人类分成白色人种、黄色人种和黑色人种三大类。但澳洲原始的土著——亚波利吉尼人却显然不能归到这三类中去。亚波利吉尼人的皮肤呈黑色，额头很小，眼眶很深，手臂非常瘦，身上毛发密集。经过科学考证，亚波利吉尼人的发源地是澳洲北部的爪哇岛及其附近诸岛。澳洲人种大部分进入了南方广阔的大陆，只有少部分迁徙到了马来半岛和印度。

科学推断

经过科学测定，科学家们判断亚波利吉尼人在 16 000 年前就已经到达了澳洲大陆。当时的海面至少比现在要低 80 米，如此一来，新几内亚和澳洲大陆通过广阔的沙洲连在了一起，这就给那些想要迁徙到这里定居的人减少了阻碍，使他们可以安全到达。但在当时的地貌情况下，要想抵达新几内亚，还要横渡海洋，好在这些澳洲人种不仅擅长游泳，而且他们中的部分人还拥有小船。在天时地利的情况下，到达这里虽然算不上容易，但也并不算太难。

澳洲土著是一个很单纯的"采食民族"，他们并不农耕，而是将蛇、蜥蜴或是昆虫的幼虫作为食物，植物的根部、鱼，甚至袋鼠、鳄鱼都是他们食物的一部分。他们所使用的工具或武器通常都是用石头、兽骨、贝壳或树木制成的，虽然粗糙，但却不乏创意。他们的身体适应性良好，严寒、酷暑、湿度极高的气候都无损于他们的身体健康。亚波利吉尼人习惯赤裸着身体，集结成分散的部落在旷野中生活，即使有了小草屋也是如此。他们没有什么固定财产，所以迁徙对

他们来说是再容易不过的事情。
1788年悉尼殖民地建立的时候，大
概还有将近30万左右的亚波利吉尼
人生活在澳洲，但生存环境的破坏，
欧洲人所带来的疾病，以及欧洲殖
民者的杀害使现在生活在这里的亚
波利吉尼人大概只有8万人了。在
19世纪中叶的时候，亚波利吉尼人
正在走向灭亡的这个事实已经被很
多人所了解了。

　　1909年，在这里被发现了公元
前221年到公元前203年埃及国王
托勒密四世所使用的货币。这些货
币大概可以证明，在2000年前，已
经有贸易商人在这一地区活动了。

1879年在达尔文附近的一棵菩提树中发现了一尊石灰质的道教小雕
像，道教在公元7世纪是中国的国教，莫非中国人也来过这里？1948
年，在一个叫作维恩却尔西的岛屿上又发现了中国明朝的瓷器碎片。
中国人到底有没有到过这片大陆呢？那些经常往来于中国海、印度洋
和太平洋之间从事贸易活动的亚洲大陆诸民族应该是知道这片广大的
南方大陆，并且曾经抵达过澳洲海岸的边缘。但他们只是关心贸易而
已，因此澳洲大陆并没有引起他们的注意。而且，即使真的有人抵达
澳洲，当地土著人的敌视也会使他们立刻离开的。

　　到底是哪个国家的人最先发现的澳洲大陆呢？对这个问题向来没
有统一的答案。但是有一点得到了大家的认可，就是葡萄牙人在1511
年—1529年曾经到达过澳洲。但即使是他们首先发现的澳洲，历史资
料的缺失也使得具体的日期无从考证。唯一可以称得上是证据的是标
明为1541年葡萄牙人制作的"迪艾普"地图。这张地图上的澳洲，
脱离了以往幻想的样子，而是真正澳洲地形的样子。许多葡萄牙语的
地名也可以作为葡萄牙人是最先发现这片土地的佐证。

　　谁发现了这片大陆已经不是最重要的，最重要的是这片大陆上那
些奇妙的景色无不显示着自然的神奇，而这片大陆蓬勃发展的经济也
为人类的发展做出了巨大的贡献。

神秘现象

博尔斯皮拉米德岛岩塔之谜

　　地球上的奇景很多，有险峻的高山、辽阔的雪原、无垠的沙漠、浩瀚的海洋；也有嶙峋的奇峰、诡异的怪石；还有摩天的巨型岩塔。据说在博尔斯皮拉米德岛上的岩塔有"澳大利亚的珠穆朗玛峰"之称，足见其雄伟之势。同时，它也成为小说创作的素材。

　　博尔斯皮拉米德岛在地图上只是一个小点，不够细心的话，很容易就会错过它。但站在它面前的时候，你会变得不敢相信自己的眼睛。

　　这是一块尖塔形的摩天巨岩，虽然底部只有400米宽，但却有550米高。这里是片火山岩高原，博尔斯皮拉米德岛是一座早在700万年前就已经熄灭并不断崩裂的死火山，只有顶峰露出海面。之后海水运用风浪长期冲刷岩石，到了现在，体积只剩下当年的3%，成为一串岛屿和露头岩。

　　1778年欧洲人博尔首先发现了这里，他以自己的姓氏为这块巨岩命名，又以当时英国海军大臣豪勋爵的姓氏为回程中所遇到的距博尔斯皮拉米德岛以北大约二十千米处的列岛中最大的岛屿命名。

　　来往船只在博尔斯皮拉米德岛周围绕过，看起来仿佛在向它致敬。人类很难登陆博尔斯皮拉米德岛，因为那里没有小湾和海滩可供船只停靠，只有一片由海浪冲击而成的登陆平台在陡峭的石壁中间安

静地看着那些试图攀登的人们是如何一次次失败的。有些人成功地游到了巨石附近，当然，在这之前，他们已经经历了急浪的考验并躲过了鲨鱼的袭击，但岛上的主事者是那些常年在这里繁殖后代的海鸟，它们对入侵者进行扑咬，就连那些15厘米长的蜈蚣也不会错过这个

凑热闹的好机会。

1965年，艾伦和戴维斯率领的登山队历尽艰险，登上了这块号称"澳大利亚的珠穆朗玛峰"的巨岩的顶峰。后来，还有另外一些探险者也登上了这块巨岩的顶峰。现在，博尔斯皮拉米德岛已经被当作世界遗产保护起来，显然，这是它应得的待遇。

荒凉之地

在澳大利亚西南海岸不远的地方，有一片岩塔沙漠。这片沙漠荒凉不毛、地形崎岖，地面布满了石灰岩，只能坐越野车到达那里。形态各异的岩塔遍布于茫茫的黄沙之中，景象壮观，有人形容这种景象为"荒野的墓标"，让人感到世界末日的来临，诡异异常。此地也是科幻小说家描写有关岩塔的惊险小说最理想的背景。

岩塔数目成千上万，分布面积约4平方千米。暗灰色的岩塔高1—5米，矗立在平坦的沙面上。往沙漠腹地走去，岩塔的颜色由暗灰

色逐渐变成金黄。岩塔的大小不尽相同，有些岩塔大如房屋，有些却细如铅笔。每个岩塔形状不同，有的表面平滑，有的像蜂窝，有一簇岩塔恍如巨大的牛奶瓶散放在那里，等待前来收集的送奶人，还有一簇岩塔名为"鬼影"，中间那根石柱状岩塔如正在向四周的众鬼说教的死神。其他岩塔的名字也都十分符合其形象，但是不像"鬼影"那样令人毛骨悚然，例

如"骆驼""大袋鼠""园墙""门口""臼齿""印第安酋长"或者"象足"等。

科学家估计这些岩塔的历史有 25 000—30 000 年。虽然这些岩塔的历史已有几万年，但肯定是近代才从沙中露出来的。因为直到 1956 年澳大利亚历史学家特纳发现它们之前，外界似乎对此一无所知，只是在传说中，早期的荷兰移民曾经在这个地区见过一些他们认为很像是城市废墟的东西。

1658 年，曾在这一带搁浅的荷兰航海家李曼也没有提及它们，他在日记中提到的两座大山——南、北哈莫克山，都离岩塔不远。如果当时这些石灰岩塔露出沙面，李曼的日记里必定会有所记载。19 世纪的牧人经常在珀斯以南沿着海岸沙滩牧牛，附近的弗洛巴格弗莱脱还是牧人常去休息和饮水的地方，但他们也没有发现这片岩塔。而且探险家格雷于 1837 年—1838 年曾从这个地区附近经过。他所经过的地方都会详细记下日记。但在他的日记中却没有关于岩塔的记载。

若隐若现的岩塔

岩塔在 20 世纪以前至少露出过沙面一次。因为有些石柱的底部发现黏附着贝壳和石器时代的制品。用放射性碳测定贝壳显示它们大约有五千多年历史。当地土著的传说中没有提到过这些岩塔，因此这些尖岩可能在六千多年前曾经露出地面。但后来又被沙掩埋了——沙漠上风吹沙移，会不断把一些岩塔暴露出来，又不断把另一些掩埋起来。因此，几个世纪后，这些岩塔有可能再次消失，但它们的形象已经在照片中保存了下来。

构成岩塔的原始材料是帽贝等海洋软体动物。几十万年前，这些软体动物在温暖的海洋中大量繁殖，死后，贝壳破碎成石灰沙。这些石灰沙被风浪带到岸上，堆成一层层沙丘。植物在沙丘上生长，根系使沙丘变得稳固，并积累腐殖质。夏季的阳光使冬季酸雨溶解的物质变硬，结成水泥状，把沙粒黏在一起变成石灰石。腐殖质增加了下渗雨水的酸性，加强了胶黏作用，在沙层底部形成一层较硬的石灰岩。植物根系不断深入这层较硬的岩层缝隙，石灰岩越积越多。植物被流沙掩埋，根系腐烂，在石灰岩中留下一条条缝隙。这些缝隙又被渗进的雨水溶蚀而拓宽，有些石灰岩风化掉，只留下较硬的部分。沙一吹走，就露出来成为岩塔。岩塔上的沙痕，记录了沙丘移动时的沙层厚度及其坡度的变化。

神秘现象

神秘的艾尔湖

　　1832 年，一支勘探队来到了澳大利亚中部，发现这里是一片覆盖了厚厚盐层的盆地。1860 年，又一支勘探队来到了这里。此时，这里已经成为一个碧波荡漾的湖泊，大批鸟类聚集在湖畔，植被茂密异常。这就是艾尔湖，一个神秘而又美丽的地方。

澳大利亚的天然奇湖

　　艾尔湖位于南澳大利亚中部偏东北，皮里港北部 400 千米处。有南北两湖，总面积超过 1 万平方千米，在海平面下 12 米，因探险家爱德华·约翰·艾尔最先到此而得名。

　　艾尔湖其实是澳大利亚腹地的两片巨大洼地。大部分时间湖底全部干涸，盖满盐层，一圈好像悬挂着白霜的矿物层围绕在湖的周围。

　　湖的周边是一片晒干的土地：北面是辛普森沙漠；东西两面是很难通过的布满圆丘和风刻石的平原；南面是一串盐湖和干涸的盐洼。如能在这片荒无人烟的地方看到水的闪光，就足以使人欣喜。地平线上的水光往往是小盐池的闪光或者高温热气所形成的海市蜃楼。

会变魔术的湖水

艾尔湖是澳大利亚大陆最低的地方，湖面比海平面低12米。艾尔湖实际上是两个湖，较大的称北艾尔湖，长144千米、宽65千米，是澳大利亚最大的湖泊；南艾尔湖则长465千米、宽约19千米，两湖之间由狭窄的戈伊德水道（长约15千米）相连接。只有当雨下得非常大的时候，雨水才可能从远处的山上流入艾尔湖，流程长达1 000千米。

当水流到荒芜的沙漠上时，这里转眼间发生了翻天覆地的变化，就像魔术一样，那些不知道在干裂的地下沉睡了多少年的植物种子纷纷发芽、开花、生长，如同色彩斑斓的万花筒一样装点着艾尔湖。鱼、虾和千里迢迢赶来的鸟类也把这里当成它们的乐园，艾尔湖呈现出一片生机盎然的景象。

供水消失的时候，湖水在高温的作用下很快开始蒸发，动物们为了自己的生命开始争分夺秒。幼鸟急着学会飞行，否则就会被它们狠心的父母抛弃在这里，而那些可怜的淡水鱼，就只能在这里等死了。艾尔湖又恢复了它最常见的荒凉，耐心地等待着下一次雨水。

1840年，欧洲人艾尔第一次发现了艾尔湖，并以他的名字命名。当时湖水虽然已经干涸，但湖底的淤泥阻碍了他继续探索的脚步。直到1922年，一个叫哈里根的人从空中测绘了艾尔湖的样貌，他在空中看见的北艾尔湖中是注有湖水的。但当他第二年步行到艾尔湖的时候，湖里只有勉强能浮起一艘小船的水量了。据说，两万年以来，平均每100年，艾尔湖只有两次才会完全被水充满，一般每隔20年到30年才能涨一次大水。1950年此湖曾经灌满湖水，水深甚至达到4.6米。

艾尔湖的面积变化很大，从8 030平方千米到1.5万平方千米不等，按照其平均面积，它是世界第十九大湖。艾尔湖的面积和湖区轮廓很不稳定。雨季，间歇河带来大量流水，湖面随之扩大，成为淡水湖；旱季，强烈的蒸腾作用使湖面缩小，湖底变成盐壳。1964年，英国人唐纳德·坎贝尔驾驶他的"蓝鸟"汽车，在艾尔湖的盐层上创造了一项世界地面车速纪录——最高时速达715千米，接近现代客机的航速。

艾尔湖湖区气候干旱，年平均降水量一般在125毫米以下，蒸发量可达3 000毫米，湖底经常干涸。流入湖中的河流都为间歇河，地下有大量自流盆地可供开发使用。艾尔湖还有石油、煤等矿藏。不得不说，大自然在这里表演了一场精彩绝伦的魔术。

神秘现象
卡卡杜之谜

卡卡杜国家公园是一处拥有丰富自然遗产和文化遗产的游览胜地。这里郁郁葱葱的原始森林为各种各样的原林野生动植物提供了良好的生存环境；而在许多岩洞中，内容丰富、造型各异的壁画和石雕也给人们留下了一个个待解的谜题。

神奇之旅

卡卡杜国家公园位于澳大利亚北部地区首府达尔文市东部 200 千米处，面积 19 804 平方千米（相当于法国科西嘉岛的 2 倍）。这里的自然风光因地而异，随季节而变。从 12 月初开始，雨季所带来的暴雨常常导致洪水泛滥；而 5 月至 10 月则是旱季，几乎不下雨。

1845 年，欧洲探险家莱奇哈特在他为期一年零四个月的探险中翻过了阿纳姆地高原，见到了"许多奇形怪状的砂岩"，"岩缝和沟壑中长满各种植物，掩盖了我们跨越高原时遇到的一半险阻"。

阿纳姆地高原边缘的标记是一条沿国家公园的东面和南面蜿蜒五百多千米的陡崖。陡崖下面的低地上，分布着森林、草地和沼泽。莱奇哈特曾用这样的语句来描述卡卡杜荒原上的主要河流——东鳄河的美丽："我们走进了一个风光绮丽的河谷……孪生瀑布的东面、西面和南面都是高耸的山岭，从几乎无树的碧绿草原上拔地而起。"

峡谷从陡崖边缘切入，有些地方的陡崖高达四百六十多米，其中比较有名的雨季瀑布是 200 米高的吉姆吉姆瀑布和因外形得名的"孪生瀑布"。"孪生瀑布"的两股水流从高原飞泻而下，落差达 100 米，雷鸣般的声音传出很远。

卡卡杜的历史

卡卡杜国家公园是以澳大利亚土著卡卡杜族的名字命名的，公园的大部分归土著人所有，他们把土地租给国家公园与野生物管理部门。这里是土著人的故土，他们在这里至少居住了四万年。按照他们的传说，卡卡杜荒原及这里的风景都是他们的祖先创造的。

物种丰富的自然之地

卡卡杜公园内植物类型丰富，超过 1 600 种，这里是澳大利亚北部季风气候区植物多样性最高的地区。最近的研究表明：公园内大约有 58 种植物具有重要的保护价值。有 280 种以上的鸟类在这里聚居繁衍，其中代表性鸟类是各种水鸟和苍鹰。

保护这里的动物种群无论对于澳大利亚还是对于世界都具有极为重要的意义。这里的动物物种丰富多样，是澳大利亚北部地区的典型代表。仅爬行动物就有 75 种。著名的咸水鳄就生活在这里，它身长超过 4 米，性情凶猛，会攻击人和其他动物。到 20 世纪 60 年代咸水鳄几乎灭绝，现在在人们的保护下咸水鳄渐渐增多。公园里还有一种淡水鳄，长约 1.8 米，性情不太凶猛。卡卡杜荒原上还有一种叫作皱褶鬣蜥的爬行动物，看似凶猛但并不袭击人类。它受惊时，把松弛的皮肤皱拢到头颈处竖起来，模样有点像小恐龙。

公园还曾有不少水牛，20 世纪 80 年代初，约有 30 万头水牛生活在北部地区。澳大利亚人认为这些水牛对人类健康、野生动物和养牛业构成威胁。到 80 年代末，几乎所有水牛都被赶尽杀绝。

在卡卡杜草地上散布着许多大小形态各不相同的白蚁垤。在每座硬如水泥的土堆壳里，都有迷宫状的通道，最为特别的是，那些蚁垤都是罗盘白蚁的蚁垤，高 2—3 米，外表粗糙，好像上窄下宽的墓碑。

有人曾经认为，罗盘白蚁把蚁垤方向建得好像指南针一样是因为它们可以感知地磁。现在看来，这只是蚁巢内温度调节的需要。在早晚阳光最弱时，蚁垤的宽面朝向太阳，以便吸收最多的热量。在中午，蚁垤较窄的面向着太阳，以免巢内过热。这样，巢内的温度可稳定地保持在 30℃左右。

另外，20 世纪 80 年代的电影《鳄鱼先生》当中部分背景就是在这里拍摄的，这也是吸引旅游者的一个原因。卡卡杜不仅是澳大利亚最大的国家公园，同时还被联合国列为世界遗产。如果驱车沿"西鳄河"行驶，细心的游客就会看到标语牌上写着"您正在进入'上帝之乡'，务必保持这个场所的清洁"。

神秘现象
乌卢鲁之谜

号称"世界七大奇景"之一的乌卢鲁巨岩，以其雄峻的气势，巍然耸立于茫茫荒原之上。由于它久经风雨，所以岩石袭面特别光滑。它又被称为"艾尔斯岩""人类地球上的肚脐"。乌卢鲁巨岩神秘而奇妙的色彩变幻吸引了无数游人，但至今仍无人知晓其变幻的原因。

富有"生命力"的巨石

在澳大利亚荒原中部有一块巨大的红色砂岩毫无征兆地拔地而起，就是这么一块石头，让许多人千里迢迢，不辞辛苦地来到澳洲荒漠。因为它是一块有"生命"的石头。

这块巨石生成于距今6亿到5亿年，东高宽而西低狭，是世界最大的单一岩石，而且充满了神秘的气息。澳大利亚土著人认为这块巨岩是他们的所属物，是他们祖先从神灵那里得到的赐予，具有重要的宗教意义，巨岩上每一道风化的疤痕和纹路不仅对他们具有特别意义，也让每年到此的数以万计的世界各地的游客充满遐想。这块巨岩就是"乌卢鲁"，也被称为"艾尔斯岩"。

乌卢鲁常被称为世界上最大的岩石，但其实它并不是岩石，而是一座地下"山峰"的峰顶。这座大山被埋在地下大约6千米的深处。在约5亿5千万年以前，澳大利亚中部还是一个巨大的海床，而这块岩石就是海床的一部分。后来海洋逐渐退却，地壳慢慢移动并隆起，高大的山峰就被土地所覆盖，只露出来一个山顶，它就是乌卢鲁，绕着乌卢鲁走一圈是9.4千米，它高348米、长3千米、宽2.5千米，基围周长约8.5千米，实在是宏伟壮观。它气势雄峻，犹如一座超越时空的自然纪念碑矗立于茫茫荒原之上，孤独中带着君临天下的霸气。

会变色的石头

巨石最神奇之处是会变色，是澳洲十大奇景之一。有去看过乌卢鲁的人形容说："它有自己的心情。清晨，当第一道曙光洒在它酣然

沉睡的身躯上，生命被悄悄投注，它欣然焕发出金黄的光芒；太阳渐渐爬高，仿佛有生命活泼地在它体内成长，它也随之换上新颜，从粉红逐渐到深红。浴日的石，体态虽然庞大，此时却隐然带了一丝娇羞之气；傍晚，夕阳西下，生命之火逐渐暗淡，它由红转紫，最后暗然没入黑暗之中。生死轮回，对人是一辈子的事，对它却是每天的平常经历。于是，它那并不嶙峋的棱角里，就透出了一种神秘、一种灵气、一种不属于这个世界的"超然怪异"。它不高，却极陡，这也是一种态度，"自立于天地之间，何劳旁人亲近"。

乌卢鲁是最早发现这片大陆的土著人起的名字，意思是"大地之母"。

1873 年欧洲人戈斯发现这块岩石，并以当时南澳洲总督艾尔斯爵士的名字为它命名。但事实上戈斯并不是第一个发现这块巨岩的欧洲人，在此前的一年，英国探险家吉尔斯曾多次深入澳大利亚内陆，他曾经发现了这块巨岩，并做了记录。而吉尔斯次年重返旧地时，戈斯已登临过乌卢鲁的岩顶了。到过乌卢鲁的澳大利亚冒险家兼作家大卫·琳达最早用文学的笔法描述了乌卢鲁，她在《踪迹》一书中说："这块巨岩有一股笔墨难以形容的力量，使我的心跳骤然急促起来，我从没见过如此奇异，但又极尽原始之美的东西。"

乌卢鲁跟悉尼歌剧院一样，是澳大利亚的象征。但乌卢鲁不同于那座人造的现代建筑之处是，它所代表的是这个国家远古的历史，它是澳大利亚这块古老大陆上的唯一原住民族——澳大利亚土著民族的图腾。

在当地的传说中，乌卢鲁是世界的中心，是当地土著人两次埋葬亲人的地方，第一次埋葬肉体，第二次埋葬骨骸，他们的灵魂会进入地底的神泉，像精灵一样快乐地生活。这里是澳洲土著人的圣地之一。他们始终相信，祖先的神灵仍然居住在红石山的某些洞窟中，部落的秘密在土著老人中世代相传。外来游客可以上山游玩，却不可随便进入那些被视为神圣之地的洞窟，那是些超然的地点。

岩石的"诅咒"

红色的巨大岩石静静屹立在那里，有一种庄严的美，像守护神一样保护着这片土地和它的子民。土著人认为攀爬它是对他们文化的亵渎，是对他们的神不敬。土著人的法律写着："如果您在意土著人的法律，您就不要攀爬它。如果您想攀爬，链子还在那里，也请您不要

攀爬。听着，如果您因此受伤或者死亡，您的妈妈、爸爸、家庭会为您哭泣，我们也会很伤心。想一想吧，请不要攀爬。"

事实上，尽管这座红岩山上立着"禁止采石"的标志，然而许多游客仍会趁管理人员不注意，偷偷砸下一块红石藏进包内。公园管理人员对此也毫无办法。不过有趣的是，这些被窃走的石头最后又陆陆续续地从世界各地寄了回来，昂贵的国际邮费也无法阻挡这样的返还行为。许多寄件人在附言中称，这种红色岩石给他们带来了坏运气，因此他们决定将它物归原主。一些石头寄回乌卢鲁公园后，事实上已经成了碎片。然而不管怎样，乌卢鲁公园的管理人员仍将这些石头碎片重新放回到红岩山上。目前仍然没有足够的证据证明这些石头会给人带来霉运，除非那些拿走石头，最后又将它们寄回来的人开口说出事实。

神圣的乌卢鲁

最早的澳大利亚土著民族是五万年前从东南亚一带的岛屿迁至澳大利亚北部的。他们有着黝黑或者深褐色的皮肤，这些土著民族以捕食动物为生，使用一种投矛器和特制的狩猎武器飞镖，此外还采摘水果和植物根茎作为食物，是典型的游牧民族。与混乱的语言不同的是，这些散居在各地的澳大利亚土著民族，都相信在澳大利亚北部沙漠中藏有错综复杂的路径，是"梦幻时代"的产物（"梦幻时代"是指天地形成时期），是祖先留给他们的礼物，对土著人的生活、狩猎非常重要。而这些路径的位置和秘密都藏在乌卢鲁不断出现的纹路里，这些纹路被各部族的巫师破译后，凭借歌谣、绘画和各种各样的舞蹈，一代代地在土著各部族中流传下去。因此，对他们来说，乌卢鲁的每一道裂痕都具有极为重要的意义。在乌卢鲁周围，有许多洞穴。洞穴中有大量具有丰富象征意义的原始壁画，许多壁画的历史已经有7 000到8 000年之久，还有相当一部分原始壁画未能被破解，人们对乌卢鲁与原始民族和原始宗教的联系其实远没有达到了解的程度。

乌卢鲁对于澳大利亚的土著人来说，不仅仅是地貌景观，更包含了丰富多彩的文化与神圣庄严的先祖的双重意义。

当亲身接近乌卢鲁这块神秘又奇妙的巨岩时，壮观雄伟的气势令人震撼，无论黄昏还是清晨，乌卢鲁似乎随时都在散发着不可思议的能量。不论你以何种心情来到这里，都请不要忘记这里原住民的习俗，必须虔诚、守礼。

神秘现象
彭格彭格山之谜

澳洲大陆上有着无数神秘，美丽的大堡礁、雄伟的艾尔斯岩……此外，还有世界上最脆弱的山脉之一彭格彭格山。在人迹罕至的金伯利，这些具有条纹的圆顶山丘组成了一个梦幻般的世界。是什么造就了如此奇特的地理结构呢，谜底有待于人们揭晓。

梦幻般的彭格彭格山

澳洲西部有许多蜂窝形的圆丘山，形成巨大的迷宫，而彭格彭格山是世界上最脆弱的山脉之一。

彭格彭格山位于渺无人烟的金伯利地区，占地大约四百五十平方千米。在 11 月到次年 3 月的雨季，翠绿装点了整座山脉。冬旱季节根本无雨，致使河流干涸，只剩下一些小水洼。由于有悬崖遮阴，少数池塘常年不枯竭，成为袋鼠和澳洲野猫等动物的饮水之处。有些白蚁在圆顶山丘侧面筑蚁巢，高 5.5 米，与圆顶山丘一样堪称奇观。

彭格彭格山的形成

4 亿年前北边的山脉（现已消失）被水严重冲蚀，在这一带形成大片的沉积层，较软的沉积岩被水流冲刷出许多沟槽、溪谷。这些沟槽、溪谷长期受风雨侵蚀而逐渐变深，形成今天一座座分开的山丘。

大部分圆顶山丘都分布在地块的东南方。250 米高的峭壁和冲蚀而成的深谷则位于其西北方。顽强的植物如针茅、金合欢等，在谷中恣意生长，生根在峭壁岩缝中，形成风格奇异的空中花园。

1879 年，第一支欧洲勘测队在珀斯测量师福雷斯特带领下来到这里。1987 年，这里辟为国家公园，当地的土著人参与管理，以免游客破坏了这里脆弱的砂岩。

地球神秘现象

IQIU SHENMI XIANXIANG

美 洲

神秘现象

石彩虹之谜

雷雨过后，天空中的彩虹异常美丽，但有谁会相信，坚硬的石头也可以创造出同样的绚丽。这是造物主的恩赐，还是大自然的神来之笔？壮丽的石彩虹不仅带给人们美的享受，同时，也给人们留下了许多待解之谜。石彩虹的背后究竟隐藏着什么秘密呢？

在美国犹他州南部，派尤特印第安人和纳瓦霍印第安人有许多神话流传，这之中就有一个"石彩虹"的故事。"石彩虹"是派尤特印第安神话和纳瓦霍印第安神话的中心，是纳瓦霍印第安人的圣地，也是世界一大奇观。那是一座美丽的石拱，形状和颜色都酷似天上的彩虹，到那里的唯一通道隐藏在狭窄的峡谷中，艰险难寻，所以知道"石彩虹"的印第安人很少。

天然奇景

1909 年有三名白人听到了"石彩虹"的传说，他们雇了两名印第安向导，走过美国境内最苍凉的荒野，一心想要看看这个天然奇观。当他们终于看见彩虹桥的时候，都惊呆了。这座天然石桥，从形状到颜色都和真正的彩虹十分相似。万里无云的蓝天下，粉红色砂岩透着淡淡的暗紫色，午后则点染成赤褐和金棕色。他们看见的是天然石拱中最大最完整的一座，硕大雄伟，造型美观，桥底至桥顶高 88

米，桥长 94 米，跨越宽 85 米的峡谷，几乎等于四个网球场的总长度。桥身厚 13 米、宽 10 米，完全可以双线行车。罗斯福总统曾对此赞叹不已，称之为世界最壮观的天然奇景。

泥沙和强风是最好的工匠。彩虹桥本来是突出悬崖的

石嘴，桥横架于石桥河之上。每到雨季，猛涨的河水带来大量的泥沙，刮擦石嘴基部。时间久了，石嘴基部就被掏空，从而形成了桥孔，留下高架半空的优美石桥。强风侵蚀，把石桥"打磨"得表面光滑，线条流畅。

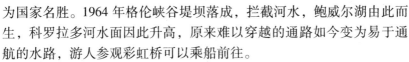

国家名胜

1910 年，彩虹桥被美国政府列为国家名胜。1964 年格伦峡谷堤坝落成，拦截河水，鲍威尔湖由此而生，科罗拉多河水面因此升高，原来难以穿越的通路如今变为易于通航的水路，游人参观彩虹桥可以乘船前往。

犹他州还有许多同类的砂岩石拱，单在位于彩虹桥以北 300 千米处的石拱国家公园里，就有两百多座。其中的"景观拱"全长 89 米，为世界最长的天然大桥。"景观拱"很脆弱，其中一段仅厚 1.8 米，距峡谷底平均约 30 米。

在见到石拱国家公园真面目时，人们常用"视觉冲击力"这个词来形容那一瞬间带给自己的视觉震撼，在阳光的照耀下，那一座座耀眼的奇形怪状的火红色的石山石林让人目不暇接，惊叹不已。大自然的鬼斧神工形成的那些千奇百怪的石块带给人们无限的想象空间，你刚刚在这里赞叹这座红石山形态的奇妙，一会儿又会不由自主地赞叹另一石块造型的惟妙惟肖。毫不夸张地说，每个来到这里的人都是走一路，看一路，赞一路，叹一路，哪处景观也舍不得错过，它们实在

是太美，太令人惊奇了！这里让人惊奇的还有那湛蓝的浩瀚天空，蓝得是那么洁净，那么清爽，没有一丝污染，几朵洁白的云朵飘浮在蓝天与火红的奇山异石之间，这种简单、洁净、宽广、神奇的美好景象有洗涤人的心灵的神奇魔力。

神秘现象

藏有珍宝的橡树岛

　　财富是人类关注的一个永恒主题。为了一夜暴富的美梦，多少人抛家舍业，失去生命；为了那闪着诱人光芒的金银珠宝，多少人为之千方百计疯狂寻觅。而那橡树岛上的珍宝却如同仙宫中的蟠桃，永远是可望不可及。直到今天，人们仍然在那个小岛上挖掘着，寻找着……

　　在加拿大，有一个叫橡树岛的荒凉岛屿。那里没有人烟，生物种类也不丰富，但许多人都确信，这个岛上埋藏着大批金银财宝。当初埋下宝藏的人，创造了工程史上的一项奇迹。他们埋得如此巧妙，以至于直到现在，人们还没解开这个宝藏之谜。

第一次探宝失败

　　1795 年，有三位年轻的猎人，来到这个人迹罕至的小岛。

　　在茂密的橡树林中，他们没发现野兽，却发现一株十分古怪的大树。在这棵大树离地面三米多高的地方，有根粗树枝被锯过，还有深深的刀痕；地面也有些下陷，很像曾经埋过东西的样子。三位猎人感到十分惊讶，于是立即测量下陷的部位，发现它基本呈圆形，直径约4 米。

　　这一发现使他们立刻想到，可能是海盗在这儿埋下了宝藏。如果真是这样，岂不是发了

大财！三位猎人感到无比兴奋。
第二天清晨，他们又来到小岛，
开始了艰苦的挖掘工作。三个人
整整干了一天，挖了 3 米深的大
坑，发现下面有一层橡树木板。
胜利在望了，木板下面也许就是
梦寐以求的宝藏！猎人们抑制不
住激动的心情，连夜开工把木板

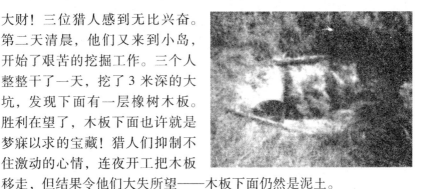

移走，但结果令他们大失所望——木板下面仍然是泥土。

　　不过，这并没使猎人们彻底丧失信心。经过一天的休息后，他们
继续开始挖掘，又挖了大约 3 米深，看到的依然是一层木板。就这
样，他们辛辛苦苦地干了一个星期，总共挖了 9 米深，除了发现第三
层木板外，连宝藏的影子也没看见。

　　这一年的冬天来得很早，季节的变化阻碍了猎人们的挖掘工作。
虽然冬季时挖掘工作暂时停止，但他们一直在筹划明年春天的挖掘计
划。三位猎人坚信，宝藏肯定存在，只要气候条件允许就立即开工。
不过，在深达九米多的洞穴中，仅凭两只手是不行的，他们需要有机
械和经济方面的资助。不幸的是，尽管三位猎人四处求助，却没人愿
意把钱投资到这个看似没有丝毫意义的行动中，无奈之下，他们被迫
放弃了挖掘工作。

挖宝途中困难重重

　　10 年以后，一位年轻的医生对橡树岛产生了浓厚的兴趣。他组织
了一支探宝队，动用了大量人力和机械，经过大约两年的苦干，将那
个洞穴挖到了 27 米深。这中间每隔 3 米都有一层木板，直到 27 米深
时，人们才发现一块非同寻常的大石头，上面刻着许多稀奇古怪的象
形文字，但没有一个人看得懂。

　　这个新发现使人们坚信，挖出宝藏的时候快到了。探宝队决定趁
冬季来临之前加紧挖掘。可是第二天，麻烦忽然从天而降，因为深洞
中突然灌进了足足 15 米深的水，根本无法继续工作。

　　探宝队并未因此泄气，他们在第一个深坑旁边又挖了一个洞，挖
到 30 米深后，准备再挖一条地道通向原先那个坑。这时候，不知从
哪里来的大水立即涌进新坑，使这项工程不得不中止下来。

　　1850 年，又来了一支新的探宝队。他们运来了大型钻机，在原先

的第一个坑里进行钻探，一直钻到 30 米深，结果发现了一条金表链和三个断裂的链环。操纵钻机的工人称，他感到钻头仿佛在一大块金属之中旋转。如果真是这样，钻头接触到的物体，会不会是一只巨大的藏宝箱呢？没人说得准。然而就在这时，冬天来了，他们只得停工。

大西洋是宝藏的守护者

第二年春天，探宝队回到岛上，准备让宝藏重见天日。在离原坑大约 1 米的地方，他们又挖了一个新坑。到夏天结束之前，这坑已挖掘到 33 米深了，而且钻头感觉到下面有大块的金属。正当大家确信胜利在望时，历史又重演了——大水突然灌进新坑，坑里的工人差一点被淹死。由于抽水工作毫无效果，人们不禁开始纳闷：这神秘的水究竟来自何方？经过一番搜索，他们发现，海滩上有一条巧夺天工的地道，从大西洋直接通往藏宝坑。当然，谁都无法把大西洋的水抽干。

后来，又有其他寻宝者来到岛上。他们又挖了许许多多的坑，弄得这一带面目全非，看上去简直像一个原子弹试验场。尽管人们做出了巨大的努力，可谁也无法克服橡树岛上的重重障碍。

1893 年，又有一支寻宝队到岛上继续发掘宝藏。人们在原来的坑里又往下钻了 45 米，挖出了一些水泥般的东西，上面则又是一层木板。更令人惊异的是，钻机还带上来一张羊皮纸。兴奋不已的探宝者加紧工作。就在这时，他们又发现了一个海水入口，海水再次把深坑淹没，寻宝工程又以失败告终。

橡树岛的地下究竟埋有什么宝藏？宝藏又是谁埋下的呢？至今仍无人知道谜底。

神秘现象

加拿大夏天遗失之谜

春夏秋冬，四季交替是再正常不过的自然现象，但有谁会想到1816年加拿大的夏天却突然莫名其妙地消失了，而这又间接影响了整个世界。在那样一个冷如初冬的夏季，人们惶恐不安、心惊胆战，而谁又会想到这一切仅仅是一座火山喷发造成的后果呢。

在加拿大南部和美国东北部，1815年—1816年的冬天与常年没有什么区别。春天按时到来，4月，鸟从越冬地飞了回来，花朵也如期绽放。但到这个时候看起来还一切如常的景象注定要被历史所记载，因为它是那个夏季遗失的年份。

在这个地区，4月份的寒冷是正常的。但到了1816年5月，每天早上依旧是寒霜覆盖着大地，就像冬天还没有过去一样，人们开始担心起来。但仍然没有人认为这一年会有什么特别之处。

6月5日，一场寒风席卷了这个地区，紧接着一场大雪使地上的积雪达23—30厘米。除了最耐寒的谷物和蔬菜活了下来之外，其他植物难以存活。古怪的气候持续到8月，早上的气温常常在－1℃左右。有几天下午天气比较暖和，人们趁机试着种下庄稼，却都再次毁

于冰雪严霜。9月中旬，出现了一场严重的霜冻，冬天提前了，那是一个罕见的严冬。

1817年春天和夏天按时到来，从那以后这个地区的气候一直正常。然而，是什么导致了那一年此地没有夏季呢？经过多年的思考与研究，现在科学家已经推断出无夏季年的原因。事件发生在一年前的荷属东印度群岛。1815年4月5日晚，位于松巴洼岛上的坦博拉火山爆发，火山猛烈的喷发甚至比68年后著名的克拉卡托火山喷发还强烈。坦博拉火山的喷发将65立方千米的碎石抛到距3 962米高的火山口1.6千米以外的地方。喷发使几百千米以内的岛上落了0.3米厚的火山灰。细小的火山灰进入同温层，它要围绕地球转动几年。尘网效应挡住了阳光，从而使气温下降，尤其是在新英格兰和加拿大。

大气中的火山灰除了影响北美，还影响了世界其他地区。事实上那几乎是全球性的天气变冷。庄稼减产在西欧引起了饥荒，在瑞典，人们被迫吃冰原上的苔藓，法国发生了哄抢食物骚乱。如果这种反季节性的降温再持续几年，大陆冰层就会形成，地球就会进入新冰河期。

一些科学家预测，这样寒冬般的夏天还会出现。在过去的几十年中，自然界的火山活动和人类的工业活动使大气中的灰尘不断增多。如果这种趋势再持续一个世纪，它可以产生与温室效应相反的效果——地球的温度将会急剧下降，冰河期将会重现。大难来临前，夏天会越来越凉，而冬天则会越来越热。

不可否认，人类的行为正在影响着气候，所以人们必须从现在开始善待环境，否则等待我们的将是大自然无情的惩罚。

神秘现象

死亡陷阱

大自然带给人们的并不只有神奇与美丽。有时候，人们面前的大自然也暗藏杀机。谁会想到平坦的沙地下是死亡的陷阱，光滑的流沙竟然有吞噬人的能力。人们在探索这些秘密的同时，也提高了征服自然的能力。

美国佛罗里达州奥奇朝比湖南部的低洼沼泽地区，长满了亚热带野生植物。在一个夏日的早上，美国大学生皮克特和斯塔尔跑进浓密的森林，找寻野生植物。他们沿着一条差不多干涸的小溪的沙岸前进，皮克特走在前头，突然对斯塔尔叫起来："这里是软地！别过来！"

陷入流沙

皮克特在流沙中挣扎着想踏上硬地，但挣扎得越快，陷得越深，他的双膝已陷进像软糖似的怪沙中。

"快救我！"皮克特拼命地呼喊着。

斯塔尔伸手去救朋友，但无济于事，于是，他跑进树林，找到一根长树枝。

皮克特拼命挣扎着，这时他周围的沙开始震动起来，他失去了平衡，倒在了沙上。

斯塔尔拿着树枝跑回沙岸，把树枝伸给皮克特，但皮克特却无法抓到……

流沙之谜

世界上许多地方都有流沙，但对流沙的成分人们却知之甚少。普遍说法认为，流沙由圆滑的沙粒组成。这类沙粒与一般表面参差不齐的沙粒不同，圆沙粒像小小的滚珠轴承，滚动的时候很少有摩擦力，因此动物或任何重物，都会在圆沙中迅速下沉。另外一种说法认为，流沙的沙粒受到软泥或其他光滑物质的润滑，使它们受重后滑开。对于流沙的成分和形成的原因，研究者们暂时还不能提供一个令人满意的答案。

神秘现象

神秘的"太阳之家"
——哈莱阿卡拉

　　火山是地下深处的高温岩浆及其有关的气体、碎屑从地壳中喷出而形成的。火山虽然会给人类生活带来灾难，但也会形成独特的火山景观，满足人们的猎奇心理。有"太阳之家"美誉的哈莱阿卡拉就是神奇的世界火山景观之一。

　　哈莱阿卡拉火山口位于夏威夷毛伊岛上，是夏威夷人心中"太阳升起的地方"。在深度、宽度上皆堪称巨大，再加上 3 055 米的海拔高度，使其成为世界上最大的休眠火山。然而赋予它传奇般魅力的原因并不止于此，它本身的独特景致，再加上夏威夷独有的浪漫与激情，总是令数不尽的探险者们慕名而来。

美丽的神话

　　哈莱阿卡拉火山栖身的毛伊岛在夏威夷岛西北 41 千米处，面积 1 886平方千米，在夏威夷群岛中面积排名第二。毛伊岛是以当地神话中一个叫作毛伊的神的名字命名的。在夏威夷当地的神话传说中，毛伊是一个半人半神的魔术师，但他最伟大的业绩还是征服太阳。

　　传说中的一天，太阳开始拒绝按照预定的路线行走，非要穿过天空疾行，这给人们的生活带来了很大的困扰。毛伊用姐姐的头发做成 16 根结实的绳子，用他那神奇的力量套住太阳。太阳牢牢地落入了毛

伊的手中，为了保住自己的性命，太阳只得答应以后会慢慢地升起，温柔地越过天空，给人们的生存和繁荣提供充足的条件。从此，岛上的人们每天都可以享受到充足的阳光。

哈莱阿卡拉火山

哈莱阿卡拉火山最后一次喷发是在1790年，火山口深800米，其周长为34千米，大到足以容纳整个纽约曼哈顿岛。是无数次火山喷发和无数的风、雨、流水侵蚀作用的合力加宽和夷平了火山口，使它成了现在的样子。哈莱阿卡拉火山东部的山坡因火山口流出的熔岩流入河谷而布满坑谷，西部山坡则有小溪蜿蜒流过，通常被登山者作为登山的路径。

超过49平方千米的火山口底部有着不同的地理样貌，森林、草坪、沙漠，甚至还有一个湖泊。这样的差距主要是不规则的火山口形状导致的。火山口的东部边缘较低，携雨而来的信风从两道裂口中吹进，并在火山口底部积雨。站在火山口边缘上的人的影子可以在火山口北部上方的云团映出，这一奇观就是由在火山口边缘向下旋转的云带来的。

在哈莱阿卡拉山海拔1 828—3 048米的地区生存着地球上最珍奇罕见的植物，叫"Silversword"，可以按照字面意思翻译为"银剑"。银剑仅生长在火山给予的恶劣环境中。它的寿命是20年，从西瓜状的球形长到2.4米高，一生只开一次花。一株银剑能开几百朵紫红色的花，开花后银剑随即死去。这种植物曾经一度面临灭绝，它是人类采摘的对象；是野山羊最喜爱吃的食物，但现在它已经被严密地保护起来。

当人们来到哈莱阿卡拉火山，看到那巨大的、色彩斑斓却不乏质朴的火山口，就会明白自己在自然面前是多么渺小。

神秘现象
莱丘加尔拉洞穴之谜

　　莱丘加尔拉原本是美国新墨西哥州的一个小镇。然而，就是这样一个地球上随处可见的小地方，却引来了世界各地科学家们的关注。是什么令世人如此好奇？莱丘加尔拉到底藏有哪些秘密？这一切的答案尽在莱丘加尔拉洞穴之谜。

　　美国新墨西哥州的莱丘加尔拉洞穴蕴藏着丰富的艺术品和变化无穷的装饰物。到目前为止，美国南部荒山底下已经发现了近100千米长的洞穴和通道，是世界上最长的山洞群之一。

　　与大多数略呈酸性的雨水渗透到地下而形成的相反，莱丘加尔拉洞穴是从下而上形成的。来自地层深处油质沉积物的气体通过岩峰升起，与氧气和水混合产生了硫酸，硫酸又与石灰岩发生了化学反应，从而形成了密密麻麻的岩洞和石膏。几百万年来，各种溶于水中的矿物，通过迷宫般的水道点缀着隧道。这些装饰物包括石笋和钟乳石，还有许多形态各异的石膏作品。

　　1986年人类才第一次发现这个洞穴。一群探险者被一阵来自洞门的强风吸引，这意味着在岩洞深处有更大的洞穴群。探险者们将洞底的碎石凿开，发现一个被他们称为"石瀑"的几乎垂直的矿井。因为当他们递降时，石头像瀑布一样从这里坠落。矿井下面便是美不胜收的莱丘加尔拉洞穴了。

　　探险行动进行得非常缓慢，这主要是出于谨慎的考虑，除了地形险峻和湖水幽深之外，主要是因为探险者意识到那些装饰物的脆弱，以及他们闯进这里的行为，可能会破坏这里的洞穴状貌。

　　洞穴专家认为，为了保护莱丘加尔拉洞穴中的这些珍宝，应该禁止公众参观。然而，莱丘加尔拉洞穴还有着怎样的神奇呢？有待科学家们进一步研究。

神秘现象

幽灵之谜

比斯蒂荒地是美国南部新墨西哥高原上的一片荒芜之地，而幽灵的传说更为这片充满诡异的土地蒙上了一层恐怖的面纱。幽灵是人们之间的以讹传讹，还是确有其事？绚烂的画卷是古代宗教仪式的绘画，还是大自然创造的奇迹？比斯蒂带给我们更多的是神奇与美丽。

比斯蒂荒地位于美国南部新墨西哥高原上，到了夜晚，如水的月光洒在这片如月球表面般荒凉的土地上，偶尔还会传出几声狼嚎，使得这片诡异的地方更显得阴森。这里曾经是一片沼泽雨林地，而且常有恐龙出没。

在比斯蒂荒地几乎看不到生命的迹象，很难想象出这里曾经是一片生机盎然的热带雨林，包括鸭嘴龙、五角巨龙，以及凶猛的食肉暴龙在内的恐龙和其他最早期的哺乳动物，都曾经是这里的住户，而那些巨大茂密的树木和蕨类植物，也共同生存在这里。

腐烂的植被变成煤炭，而动植物的残骸被埋在沼泽的泥沙里，在

数百万年的积压之后，变成了砂岩和页岩。这些岩石在地球板块的移动和气候变化下升高，形成平原。

风蚀和大雨将岩石群雕凿得千奇百怪，矗立在这片荒地上，宛如处在一座天然的艺术画廊中。这些岩石雕像有的像无臂石怪，有的像巨型的蘑菇，凡此种种，不一而足。这些岩石被视为不祥之物，非洲语中为"灵"之意。距今约有八千万年历史的柏树干、棕榈树叶和恐龙化石散见在这些岩石之间。

直到公元前6000年，阿纳萨基人的祖先才开始饮用该区域的泉水，并在此捕猎，人类开始涉足这片土地。之后，被美国其他土著人赶出原住地的纳瓦霍人退居到比斯蒂地区，到1850年，这里已经有许多居民了。他们在这里建造用于居住的草屋，在附近的高原上放羊。纳瓦霍人认为这里是十分神圣的，他们在宗教仪式中使用收集来的彩沙绘成沙画，并用粉白色的泥土在参与仪式的人身上绘画。

当阳光洒在这片神奇的土地上的时候，五彩缤纷，甚是好看。淡粉红色、酱紫色、呈虎斑纹的橙色是砂岩和页岩，深灰色是暴露在外的煤层，奶白色和柠檬黄色则是沙子。比斯蒂像一幅天然的画卷，完美地表现着大自然的神奇与美丽。

神秘现象
旋转岛之谜

在西印度群岛中有一个无人的小岛，岛上遍布着大片的沼泽地。令人惊奇的是这个小岛虽然很小，却有一种其他岛屿没有的奇异现象：它可以像地球那样自转。小岛每 24 小时旋转一周，而且都按照同一方向进行有规律的自转，从来没有出现任何反转的迹象。

偶然发现旋转岛

一艘名为"参捷"号的货轮在途经西印度群岛时偶然发现了一个旋转的岛屿。船长命令舵手驾船绕岛航行一周，接着他们抛锚登陆，探寻了一番，什么珍禽异兽和奇草怪木也没有发现。船长在一棵树的树干上刻下了自己的名字、登岛的时间和他们的船名，便和船员们一起回到了最初登岛的地点。"天哪，抛下锚的船居然会自己移动呢！"一位船员突然发现这个奇怪的现象而大叫起来，"这儿离刚才停船的地方相差好几十米呀！"回到船上的水手们也都惊诧不已，他们检查了刚才抛锚的地方，铁锚仍然十分牢固地沉在海底，没有被拖走的迹象。船长猜测这是小岛自身在移动。人们对这种奇怪的现象大惑不解。

种种猜测

小岛为什么会自己旋转呢？有人认为：这座岛是一座浮在海上的冰山。海潮起起落落，所以小岛随着潮水而旋转，但是这种推测并不能使人信服，因为其他的冰山小岛也都"浮"在海上，为什么就不能自行旋转，特别是还可以像地球自转一样那么有规律地每 24 小时转一周呢？旋转岛为什么会旋转，人们至今众说纷纭，可又都拿不出任何有力的证据，但人们始终相信，终有一天科学会为我们解开这个谜团。

神秘现象

神秘的亚马孙河

亚马孙河是世界上流域面积最广，流量最大的河流，它横贯南美洲，流经地球上最大的雨林区，有 15 000 条支流。亚马孙河流域有丰富的植被资源，那里生活着各种珍禽异兽，然而这样一个多彩的自然世界，又有哪些神秘之处呢？

在距大西洋 1 600 千米的巴西马瑙斯附近，宽 16 千米的黑水可以由内格罗河汇入白水主流，巴西人把这里作为亚马孙河的起点，称其上游为索利蒙伊斯河。其下游长达 966 千米，地势平坦，一直延伸到奥比杜斯。

欧洲人发现亚马孙河

亚马孙河河口在 1 500 年前被欧洲人发现。但直到 19 世纪，博物学家才开始对亚马孙河和其周围的雨林进行探索。1848 年—1895 年，英国植物学家在此搜集了 7 000 种新的植物标本，而博物学家也搜集了几千种未见过的昆虫标本。

亚马孙河流域的热带雨林面积约为印度国土面积的 2 倍，其大半部分位于巴西，海拔不超过 200 米。这里雨量十分充沛，加上安第斯山脉冰雪消融带来的大量流水，使这里每年都有数月被洪水淹没。一年中的大部分时间都被雨林闷热潮湿的气候占据，日间气温约为 33℃，夜间大概为 23℃。

亚马孙河流域森林是世界上最大的自然资源宝库。约 60 种树木生长在这片原始森林中，植物密度很高。但在雨林深处地面植物并不多，这是因为树冠遮拦了大部分阳光——许多大树高达六十米以上，不过涝地森林就不一样

了，灌木和乔木有帮助维持生存的板状根基，因此树冠由高到低分层，而且各层都充满生机。

亚马孙河部分雨林已经被辟为保护区，但如果不控制目前的伐林速度，亚马孙这片占全球林木总面积 2/3 的广大森林，将在 21 世纪消失。

河边是观察亚马孙河流域中珍禽异兽最好的地方。在这里可以看见各种动物的活动，经常出没的鱼和白鹭，在树顶啄食坚果和水果的犀鸟和鹦鹉，把树木当作秋千的猴子，做跳水表演的美洲大蜥蜴，行动迟缓的树獭，长达 1 米的世界上最大啮齿动物水豚也在这里活动。

亚马孙河里已知鱼的种类已经超过 2000 种，其中有艳丽的脂鲤，也有会放电的电鳗，还有恐怖的食人鱼和平均体重可达 200 千克的巨骨舌鱼。恶名远扬的红水虎鱼善于围猎，它们身长仅 30 厘米左右，却可以在几秒钟内吃掉一头行动迟缓的大型哺乳动物，不过它们并不经常这么干，它们更喜欢以其他鱼或者植物的果实为食。黑色宽吻鳄是亚马孙河流域里最大的食肉动物，它可以长到 4.6 米那么长，主要食物是海牛等水生哺乳动物，偶尔也会趁貘去水边喝水的时候实施突袭，甚至会袭击人类。

500 年前，有许多印第安部落散居在这个水流丰富、植被茂盛的地区，当时他们人丁兴旺，但在战争、奴役、殖民者的侵扰下，这些

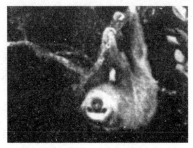

部落几乎已经不复存在了。如今幸存的都是一些世代居住在森林深处的部落，他们大都过着游牧生活，主要以渔猎为生，偶尔会开垦荒地种植庄稼，他们能够充分利用雨林内的资源，比如对于野生药物的使用方法非常精通。

目前，亚马孙河流域剩下的印第安人只有不到150个部落，约十万人。而且仅存的这些人也不得不为了生存而与那些环境的破坏者斗争，亚马孙河流域一些原本生活舒适的地方，现在已经出现了严重的环境问题。

科学家们警告人类，如果再不对这些破坏生态环境的行为进行禁止，等待人类的将是巨大的灾难。来自大自然的报复，并不是那些为了贪图眼前利益而肆无忌惮的人们所能想象和承担得起的。

神秘现象

黄金国之谜

有关埃尔多拉多黄金国的传说极富吸引力，在传说中，那里连炊具都是由黄金打造的。一代又一代的探险家被这个神话所吸引，他们深入南美洲前去寻找宝藏，但无一例外地全都失败了。神秘的黄金国到底是否存在呢？

寻找黄金国

大多数神话都有一些事实依据，黄金国的神话也是如此。哥伦布就声称在美洲新大陆发现了丰富的黄金。还传说有人见过参与过在瓜塔给塔湖以北举行的穆伊斯卡新皇即位大典。

传说，庆典在黎明举行，新皇全身洒满金粉，戴上黄金饰品，乘坐木筏，从湖岸出发。周围的族人燃起野火，奏起乐器，新皇便跃入湖中，把身上的金粉一洗而净，祭师和贵族们也同时向湖中投入贵重的金饰，献给太阳神。

先后有几百支探险队，怀着疯狂的黄金梦来到这片南美丛林，但进去的多，出来的少。在寻找黄金的路上，不知留下了多少冒险家、士兵和印第安人的尸骨，但那个神秘的"黄金国"还是没有找到。

19世纪初，德国学者波德率领的一支探险队找到了这个传说中的湖，这激起了新的寻找黄金国的热潮。1912年，英国一家公司花费

15万美元购置了当时最先进的设备，他们企图抽干湖水以找到传说中的"黄金国"人投到湖里的黄金。经过多日抽吸，探险队员在露出的部分湖底找到了黄金，但数量很少，还不够支付探险队费用的一半。

此后，黄金国的传说对

人们的诱惑力逐渐消失了。但在 1969 年，两名哥伦比亚农场工人在波哥大附近的一个洞穴中发现了一件纯金制成的古代遗物：一个木筏上站有 9 个人像，其中周围 8 个戴金饰，似乎是贵族和侍卫，中间 1 个高大的人像装饰异常豪华，无疑是国王本人。这似乎可以说是那个黄金国庆典中木筏的模型，让人觉得那个黄金国的传说也许并非虚构。但是，它又在哪儿呢？

金新月

南美神话传说中的黄金国埃尔多拉多似乎在现实世界里真的存在，位于南非约翰内斯堡西南面一个宽阔的、绵延 480 千米的弧形地带，世人称它为"金新月"。目前这里已经出产了 35 000 吨黄金，每年世界上 75% 的黄金即出自此处。

约翰内斯堡在 26 亿年前本是一片有几条湍急的河流注入的群山环抱的内陆海。河水将附近山区含金的砾石及河中的矿物质带到河岸，并在那里沉积。在河水的分选作用下，较重的含金的砾石最先沉积，之后是较轻的泥沙。亿万年后，沉积物压缩成岩石。火山活动的时候，上百米的火山熔浆覆盖在这些沉积岩上。大自然不断重复着这个历史过程，最终在这里做出一个地层"夹心饼"，含金矿脉夹在熔岩层和沉积岩层之间，厚度从两厘米到六百多厘米不等。

这片区域在后期曾经发生了强烈的地震，含金矿脉的岩石因此而隆起、扭曲、断裂，有的升高 90 多米，有的下陷一百五十多米。这就是为什么该地区在金矿开采的时候，有时会遇到矿脉突然中断的情形。

1886 年 3 月，两名雇佣工人发现了这片神奇的含金矿脉，从而引起了淘金热潮。其中一个以 50 美元的价格卖掉了自己的所有权，跑进腹地继续勘测去了，后来传说他被狮子当成了晚餐。另一位的所有权卖出了 1 500 美元的价钱，但在 1924 年，这位发现者却在穷困潦倒中死去。

早期那些骑着驴子、手持铁锹、衣衫褴褛的淘金者形象已经成为历史，如今在那里工作的人员，都是受过高等教育的地质学家、地球物理学家，以及采矿工程师，在他们的背后有企业家雄厚的财力支持，活动经费高达数百万美元。当他们找到认为可能是丰富矿藏所在地的时候，就开始进行岩芯钻探，如果样本显示在这里开采矿脉大有可为，那么就会开始挖掘矿井。

"西深坑道"是一个全新的矿井，是有史以来投资规模最大的金矿。矿井深入地下3 810米，位于约翰内斯堡以西近70千米，预计可以开采60年。

目前，正在开采的是"碳导脉"，这里是含金量最高的金矿层之一。但即便如此，想得到一盎司黄金，也必须将约两吨重的石头运到地面上。从那么大一堆石头中分离出微量的黄金，其工艺的复杂可想而知。工作人员先要将矿石碾碎成粉末状，然后加入氰化物溶液，黄金溶解在其中被带走，再通过复杂的工艺在溶液里提取黄金。这样提炼出的黄金，纯度大约为89%，兰德炼金厂是最后提炼的地方。经过最后这道工序出产的黄金，纯度就已经达到99.6%了。这个地方充分体现了锱铢必较的精神，专家用电力除尘器从废气中提炼黄金，旧坩埚被碾碎，甚至工人的衣物，都需经过特别处理，从中提取黄金。

实在不能怪他们小气，要知道，黄金从被发现那天起，就成为一种让人类为之痴狂的宝贝。原因之一当然是它非常罕有，另外也是因为它恒久不变，不受侵蚀也不会失去光泽的质地。因此黄金向来受到帝王的喜爱，亦是财富的象征。直到今天，国家货币的稳定仍要靠黄金来支持。

神秘现象
伊瓜苏瀑布之谜

　　伊瓜苏瀑布是世界上最宽的瀑布，同时也是世界五大瀑布之一。在气势磅礴的瀑布背后，也有一些神奇的故事。大约每四十年一次的干涸总会如期而至，是一种巧合，还是神秘力量的作用呢？探索的脚步从未停止，真相有待人们发现。

　　伊瓜苏瀑布位于巴西与阿根廷接壤处，其宽度约为尼亚加拉瀑布的4倍，高度比尼亚加拉瀑布高出30米，这些瀑布一字排开，直泻80米之下的魔鬼咽喉峡。峡口岩石上飞溅起团团白雾，展现出道道彩虹，瀑布的轰鸣声在20千米以外也能听到。历史上有许多名人都对此发出了由衷的赞叹。

瀑布奇景

　　伊瓜苏瀑布由约275个小瀑布组成，瀑布之间是些长满树木的岩石小岛。瀑布从坚硬的火山岩间流过，这些岩石不易侵蚀，经得起水流的冲刷，迫使水流在岩石间狭窄的水道通过，构成一个个小瀑布。小瀑布泻到谷底后，重新汇成汹涌的急流，继续向南奔腾。美国前总统罗斯福的夫人在参观过这一奇景后说："我们的尼亚加拉瀑布与这里相比，简直像厨房里的水笼头。"

　　伊瓜苏河大部分河道的宽度在450—900米，河水至巴西与阿根廷接壤处变成伊

瓜苏瀑布。整个流域降雨量的季节性变化决定了河水水位的升降和瀑布的流量。每年的 11 月至次年 3 月是雨季，瀑布倾入魔鬼咽喉峡的水量为每秒 1 360 万升，而 4 月至 10 月是旱季，每秒的泄水量只有 330 万升，并且大约每 40 年就会出现一次河流完全干涸的旱情。

当地印第安人的瓜拉尼语称该瀑布为"伊瓜苏"，意为"大水"。这些印第安人世代居住在这里。1541 年，西班牙探险家德维卡成为发现这条瀑布的第一个欧洲人。当时德维卡并没觉得发现伊瓜苏瀑布是一件了不起的事情。反而倒是植物学家乔达特对这里印象深刻。他是这样描述的："在大片的茂密森林中，几乎全是热带植物，有巨大的蕨类植物、竹、姿态优美的棕榈和上千种树木，树冠高大。俯瞰山谷，上面长着苔藓、火红的海棠、金色的兰花、鲜艳的凤梨和藤蔓。"

巴西与阿根廷各自在属于本国的瀑布旁设立国家公园，以保护这里丰富的亚热带和热带生物，鹦鹉、雨燕等鸟雀。包括几百种蝴蝶在内的昆虫，还有如豹猫、美洲豹等哺乳动物，都是被保护的对象。

从巴西看伊瓜苏瀑布，可以将整个瀑布尽收眼底，从阿根廷则可以自由穿越瀑布。伊瓜苏瀑布以其异常壮丽的自然景观吸引了无数游客，但却无人知晓瀑布干涸的原因。

神秘现象
宇宙来客之谜

20 世纪中叶，硕大无比的纳斯卡巨画偶然被人们发现，这一发现轰动了整个考古学界，被誉为"世界奇迹"。但对于这些巨画是什么人创造的，以及怎么创造的，至今没有人能够回答。谜一般的巨画有待后人继续研究与探索。

巨型三叉戟

秘鲁利马南部的毕斯柯湾有一个红色岩壁，它高约二百五十米，是人工建造的。岩壁上雕刻着一个看起来很像巨大的三叉戟的图案。三叉戟是用含有像花岗岩一样硬的石块雕成的，由于这种石块具有白磷光性，因此如果没有沙土覆盖，它完全可以发出耀眼的光芒。目前大多数考古学家都认为这个三叉戟图案是作为航空标志而设置的。

纳斯卡巨画

如果三叉戟图案确如考古学家们所推测的那样，那它绝不应孤立存在。果然，20 世纪 30 年代，考古学家在距三叉戟图案约一百六十千米外的纳斯卡荒原上，又发现了一些几何图案、动物雕绘以及排列整齐的石块，很像一座飞机场的平面图。这些神秘的图案遍布从巴尔帕的北边至纳斯卡南边约六十千米的狭长地带。

人们在这个荒原上空乘飞机飞行的时候，可以看到一些巨型动物的轮廓，其中有极长的鳄鱼、卷尾的猴子，甚至还有一些地球上从未见过的奇异动物。此

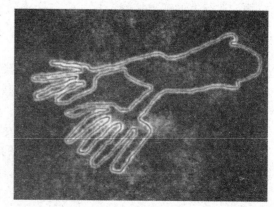

外，还能发现许多闪闪发光的巨大线条。它们绵延几千米，有时交错，有时平行，有的构成半圆、三角形、长方形等几何图案，有的则构成巨大的不等边四边形，它们都是用明亮的石块镶嵌出来的。

猜测与传说

是谁制作了这些图案？制作者是如何确定出线条的宽度和深度，使它们出现奇迹般的效应？为什么把它们绘制得如此巨大？数十年来，许多考古学家和好奇者一直在不断思考和探索。

按照当地的传说，很久之前有一群来历不明的外星人在纳斯卡荒原着陆，那些巨大的图标是他们设置的着陆标记和为他们的宇宙飞船搭建的临时机场，这群宇宙来客在完成了他们的使命后就回到自己的行星上去了。

考古学家们按照这个传说进行推测：如果将纳斯卡荒原视为登陆点，毕斯柯湾上的三叉戟图案视为登陆指示标，那么，在纳斯卡的南边就应该也有一些指示标才对。

果然，随后人们在距纳斯卡约 402 千米的玻利维亚英伦道镇的岩石上又发现了许多巨大的指示标。在智利的安陶法格斯坦省的山区和沙漠中也有发现。在罕见人迹的泰拉帕卡尔沙漠的山坡上，有一幅巨

大的机器人图案。这幅机器人图案约有 70 米高，机器人有长方形的头颅，上面竖立着 12 根一样长的天线般的东西，从臀部到大腿间，有像超音速战斗机那种粗短的翅膀般的三角鳍连接在身体的两边。这幅图案距纳斯卡荒原大约 805 千米。根据以上发现，考古学家们推测，这些图案也许真的与宇宙来客有关。

神秘现象

太阳门之谜

蒂亚瓦纳科古城在其被发现后便闻名于世，神秘的古城带给人们无数的谜。围绕古城科学界产生了一系列的争议。而太阳门作为古城的代表就更加神秘莫测了。到底太阳门是用作宗教用途，还是宇宙人建造的太空门呢？一切迷雾都有待后人破解。

遗址再现

蒂亚瓦纳科文化遗址位于的的喀喀湖以东约21千米、海拔4 000米高的层峦叠嶂的安第斯高原上。蒂亚瓦纳科文化遗址分布在长1 000米、宽400米的台地上，地处太平洋沿海通往内地的重要通道上。蒂亚瓦纳科文化最杰出的象征——太阳门位于其遗址的西北角。

毫不夸张地说，蒂亚瓦纳科文化在公元5世纪—公元10世纪的影响遍及秘鲁全境。作为该文化代表的太阳门，高3.05米、宽3.96米，由一块完整的巨型岩石凿成。每年9月21日，黎明的第一束阳光总是从这石门的中间射向大地，因此得名"太阳门"。太阳门的中央有一个门洞。门楣中央刻有一个人形的浅浮雕，展现了一个深奥而

复杂的神话世界。这块巨石在发现时已残碎，1908 年经过整修，已恢复旧观。

自 1548 年西班牙殖民主义者发现了这个被印加人称为蒂亚瓦纳科的小村落并向外界报道后，以精美的石造建筑为特征的蒂亚瓦纳科文化自此闻名于世。自那以后，围绕这个遗址是什么时代建造的、由何人建造的等问题整整讨论了四个多世纪。

谜团太阳门

在当时的技术条件下，在安第斯高原上建造起如此雄伟壮观的太阳门，显得不可思议。因此，对于太阳门的真正建造者，一直也有着不同的说法。16 世纪中叶的西班牙殖民主义者曾认为它是印加人或艾马拉人建造的。欧美大百科全书中叙述了两种传说，一个传说是那些雕像原是当地居民，后来被一个外来朝圣者变成了石头；另一个传说是由一双看不见的手在一夜之间建造起来的。也有考古学家提出假说，认为这里曾是阿拉瓦族缔造的城市，太阳门是个石头日历，后来火山爆发或其他自然灾祸将这古老的城市和文明毁灭。然而上述这些说法仅是神话传说和假说而已，没有任何证据可作证明。

美国的考古学家用现代的科技手段证明该文化最早年代为公元300 年—公元 700 年，太阳门等建筑在公元 1 000 年前正式建成。朝圣的人群跋山涉水来朝拜这片宗教圣地，同时他们运来了建筑材料，建造了这些宏伟建筑物。有的考古学家也对此表示赞同。但问题是，在当时的生产力条件下完成这样的运输工作是不可能实现的。还有其他的一些观点，但这些观点成立的条件在当时的生产力条件下都是不可能的事。

对于这片遗址的建筑时间，基本没有太大争议，对于建造者也大都认为可能是安第斯山区的科拉人，大多数学者也都认为太阳门是宗教建筑。不过有的历史学家认为蒂亚瓦纳科是当时举行宗教仪式的中心场所，太阳门是卡拉萨萨亚庭院的大门。也有的学者认为这里不是宗教活动场所，而是一个大型文化、商业中心。还有人将蒂亚瓦纳科说成是某一时期外星人在地球上建造的一座城市，太阳门便是外空大门。当然，这无疑是极其奇特的一种看法了。

虽然四百多年来，对蒂亚瓦纳科文化，对太阳门的认识从来就没有达成一致，但是我们有理由相信，随着科学的发展和人类对史前文明的探索不断增强，真相早晚会浮出水面的。

神秘现象
塞兰迪亚古堡之谜

　　1744年，埃塞奎博司令官兴建的军事要塞落成，这就是具有中世纪堡垒建筑风格的塞兰迪亚古堡。然而1 803年，古堡突然被废弃。此后那里变得荒无人烟，异常凄凉，究竟是什么原因导致盛极一时的古堡发生如此大的变迁？人们不断地追寻着这个深隐的谜题。

　　塞兰迪亚古堡坐落在圭亚那流量最大的埃塞奎博河下游的一个小岛上。这个狭窄的小岛长一千米，距河西岸的热带丛林四百多米。

古堡历史

　　关于这个古堡的历史一直可以追溯到17世纪初。1616年，荷兰探险者成功地驶抵了圭亚那岸的埃塞奎博河河口。他们在马托鲁尼河和卡尤尼河汇合处设居民点，建立了一个基克—欧弗—阿尔的设防镇区。1621年，荷属西印度公司合并后开始计划垦殖活动。1624年，一大批垦殖者被该公司派遣到基克—欧弗—阿尔地区。1681年，当早期的荷兰探险者在新大陆被西班牙人驱逐出波梅龙后，他们就在大西洋岸中部活动。随着西班牙、英、法和荷兰人间连续不断地争夺殖民地战争，这块土地多次改换殖民统治者。居住在那里的居民逐渐迁移到离河口更近、更安全的地方居住以避免战乱之苦。于是，埃塞奎博荷兰殖民地的新首府建在了这个小岛上。1687年，基克—欧弗—阿尔镇区司令在岛上建造了一个木制要塞。为抵御入侵，埃塞奎博司令官于1742年计划兴建一个军事要塞，并在其周围挖一条护壕。1744年要塞建成，这就是留存至今的具有中世纪堡垒建筑风格的塞兰迪亚古堡。

谜样古堡

　　塞兰迪亚古堡附近还建造了一座教堂。在教堂里竖立着

三块墓碑，其中两块碑文仍清晰可见：1770 年 11 月逝世的迈克尔·罗恃及其 1772 年逝世的妻子。第三块墓碑碑文已无法辨认，据岛上居民说，这是一条狗的墓穴。

1781 年，英荷之间爆发战争，英国人占领了圭亚那，但几个月后，这里又被法国人重新占领。1783 年荷兰人的重新占领却遭到了当地种植园主的反抗。1796 年 4 月 20 日英荷两国再度发生战争，荷兰最终完全丧失了这块地盘。1803 年，塞兰迪亚镇区就变得荒无人烟，满目荒凉，古堡迅速被废弃。这是因为当地发生热带瘟疫所致，还是因荷兰在圭亚那殖民盛况衰微的结果，至今是一个未解之谜。

游客要参观古堡遗址，需要在埃塞奎博河河口的帕里码头乘轻便小艇上溯 8 千米。岛上散居着一百多户人家，大部分是渔民。古堡就在杂草丛生的灌木丛中，游客登上岛后，首先看到的是古老的兵器广场，炮台附近的草丛中，还能看到一些炮弹和战斗的遗迹。

神秘现象

死神岛之谜

距加拿大东部哈利法克斯二百千米左右的北大西洋上，有一座让海员们闻风丧胆的小岛，叫作赛布尔岛。据记载，曾经有五百多艘船只在这里沉没，五千多人丧生于海底。因此，人们将这个小岛称为"沉船之岛"，周围的海域则被称为"大西洋坟场"。

赛布尔这个小岛好像一轮弯月映照在海面上。岛上全是细沙，只稀稀落落地生长着一些小草和矮小的灌木。小岛的形成得益于海流和海浪的冲击，这使得沙质沉积物堆积形成一个露出海面的长 120 千米、宽 16 千米的小沙洲。这样的一个小岛根本经不起大风浪的冲击，几千年来，几乎每次较大的风暴都会让它的位置和面积发生变化。只在最近的 200 年中，该岛的长度已减少了一半，位置东移了 20 千米，一百多年前建在该岛西端的几座灯塔已经失去了踪影，目前仅保存着 1951 年以后所建的两座。

为什么有这么多船只会在这里遇难呢？这是因为该岛的位置经常发生迁移变化，岛的附近有大面积浅滩，许多地方水深仅 2—4 米，加上气候恶劣，常有风暴，所以船只搁浅沉没事件经常发生。但是对这样一个既会"旅行"又充满灾难的小岛，航海者为什么不选择避开，而是去自投罗网呢？是岛移动的速度太快令人无法躲避，还是有其他原因？我们不得而知。

地球神秘现象
DIQIU SHENMI XIANXIANG

南极洲

神秘现象

南极"绿洲"之谜

　　神奇的南极大陆上充满了神秘，在被冰雪覆盖的土地上却点缀了一些"绿洲"，而在这里还有着许多奇怪的现象。神奇的"绿洲"吸引着无数的科学家，但却没有人能解开"绿洲"之谜。可科学家们相信在不断的探索下谜一般的"绿洲"终会显现其真面目。

　　在大多数人的印象里，南极应该是一个完全被冰雪覆盖的地方，但事实并非如此，南极也有绿洲，听起来的确不可思议，但这是事实。南极的绿洲以班戈绿洲、麦克默多绿洲和南极半岛绿洲最为有名。它们大都分布在南极大陆沿海的地方。

"绿洲"猜想

　　所谓"绿洲"，并不是人们常见的植物茂盛生长之地，而是那些没有冰雪覆盖的地方。由于南极考察人员长年累月在冰天雪地的白色世界里生活、工作，因而当他们发现没有被冰雪覆盖的地方时，自然倍感亲切，于是便将这些地方称为南极洲的"绿洲"，也就是下文所提到的"无雪干谷"。南极绿洲约占南极洲面积的5%，地貌丰富，含有干谷、湖泊、火山和山峰。

　　在南极洲麦克默多湾的东北部，有三个相连的谷地：地拉谷、赖

特谷、维多利亚谷。在谷地的周围是被冰雪覆盖的山岭，但谷地中却非常干燥，并没有冰雪，连降水都很少。这里便是神秘的"无雪干谷"。裸露的岩石和一堆堆海豹等各种海兽的骨骸在这里随处可见。

　　科学家无法解释为什么这里会出现如此之多海兽的骨骸。海岸距这里几十千米到上

百千米不等，习惯于在海岸旁边生活的海豹等动物为什么会违背生活习性来到这里呢？

一些科学家认为，这些海豹是因为在海岸上迷失了方向才来到这里。海豹在无雪干谷上找不到可以饮用的水，又找不到出去的路，于是因干渴而死。也有一些科学家认为这些海豹跑到无雪干谷地区是来自杀的，就像鲸类自杀现象一样，可是并没有合理的证据能证明这一观点。也有科学家认为这些海豹可能是受惊吓或受驱赶而来到这里。那么它们是受什么惊吓，被什么驱赶的呢？这个谜仍然没有被解开。

水温之谜

无雪干谷的神秘现象绝不止这一宗。"热水湖"就是另一个神秘现象。

热水湖的真名叫"范达湖"，是根据新西兰考察站的名字命名的。范达湖奇异的水温现象使科学家们感到惊讶，水温在3—4米厚的冰层下是0℃左右，水温在15—16米深的地方升到了7.7℃，到了40米以下，水温竟然达到了25℃。范达湖这种深度越大水温越高的奇异现象吸引了大批科学家来此考察。

各国考察队对这一现象的解释各不相同，其中有两种学说颇为盛行，一种是地热说，一种是太阳辐射说。但这两种学说都无法顺利地通过无雪干谷特殊地理位置和地质形态的考验，因而都无法立足。

日本学者鸟居铁和美国学者威尔逊经过多年的研究，提出了一种新的论点：虽然南极的夏季地表吸收太阳辐射不多，但是透明的冰层对太阳光有一定的透射率。这样，靠近表层的冰层总会获得一些太阳辐射的能量。日积月累，湖水表层及冰层下的温度便有所上升，最后到了融化的程度。由于底层盐度较高，密度较大，底层不会上升，于是高温的特性保留下来。同时，表层的水在冬天时有失热现象，底层的水则由于上层水的保护，失热较少，因而可以保持特别高的水温。此说法在一些科学家的观测记录的支持下显得具有一定说服力。

这样一个个难以解释的现象为南极披上了一层神秘的面纱，吸引着各国探索者的目光，也提示我们，探索自然的路任重而道远，却又其乐无穷。

神秘现象
南极洲地图之谜

2007年11月27日英美两国的科学家发布了一份迄今为止最清晰的南极洲地图。这份新地图能够对南极探索有所帮助，并提高公众对南极的认知。那么，最早的南极地图又是什么样的呢？

1531年，法国数学家、地图学家阿郎斯凡绘制了一张世界地图。然而四百多年后的今天，这张地图却引起了地理学家的关注。经过专家的仔细研究，他们惊奇地发现：四百多年前的地图上的南极大陆竟然与现在人们所知的轮廓大致相同。这一切不禁使人们啧啧称奇。

1820年，人们首次发现南极大陆，其发现者是一位俄国航海家，但对南极大陆进行测绘却是近代才开始的。那么，阿郎斯凡为什么在1531年就对南极大陆如此了解呢？更加令人费解的是在阿郎斯凡绘制的地图上没有罗斯陆缘冰，而罗斯陆缘冰早在1531年前就形成了。因为要形成这么一大块冰，至少需要1 000—5 000年的时间。据此，人们猜测阿郎斯凡是根据古代流传下来的人们未知的资料或地图才绘制出这张地图的。也就是说人类发现南极大陆的时间至少将向前推进1 000年。

如今南极大陆被皑皑白雪所覆盖，完全没有河流和海湾的痕迹。但人们在阿郎斯凡于1531年绘制的地图上标示河流海湾的位置上发现冰层之下的冰河。经过专家的推断，在距今15 000年—6 000年，南极大陆还未被冰雪覆盖，地图所绘制的应该是那一时期，令人费解的是，如此遥远的年代，是什么人通过何种方法到达南极，用了什么手段测绘出这样精确的地图呢？

除了阿郎斯凡的地图外，专家们还发现了一张绘制于1502年的世界海图，图上的非洲撒哈拉大沙漠变成了拥有众多湖泊、河流、城市的肥沃大地，现代科技证明远古时代的撒哈拉的确像地图上的样子。这些地图的坐标非常准确，因此科学家们推测这些地图可能是用精密的测量仪器从高空拍摄的，而最初可能是由远古时代的某个航海技术十分发达的民族绘制出来。

许多专家推测，大约4 000年前，地球上出现了一个有精湛技术，且未被人知晓的神秘文明，这个文明对地球进行全面勘探，并对此绘制了地图。历史的不断发展，这些地图经古代那些伟大的航海民族，如纵横大海一千多年的迈诺斯人和腓尼基人流传了下来。

神秘现象

神奇的南极

冰是南极最主要的特征，但在冰层之下却有许多不为人知的秘密，更有着许多奇异的传闻。这些秘密和传闻将南极置于迷雾之中。神奇的不冻湖便是众多迷雾中的一部分。人们对于不冻湖的种种猜测，一直无法定论。神奇的南极，谜一般的南极，只能有待人类继续探索。

有关南极洲的神秘，盛传着许多奇异的传闻。在比利时不明飞行物研究中心工作的研究员埃德加·西蒙斯、本·冯·普雷恩和亨克·埃尔斯豪特等公开声明：南极洲存在着一些德国纳粹的基地。比利时学者说，德国人当时有三个计划：制造原子弹、开发南极洲、研制圆形盘状飞船。在第二次世界大战后期，德国的潜艇很有可能把德国的科学家、工程师和器材运到了南极洲。1939 年之前，希特勒曾经将他的亲信阿尔弗雷德·里切尔派到南极实地考察。所以，纳粹余党把南极洲当作基地进行飞碟研究并不是胡乱猜测。西班牙一位 UFO 研究专家安东尼奥·里维拉声称："如果我们认为，纳粹德国的科学家和军人的确来到了南极洲，那么人们完全有理由相信，除了真正的外星UFO 外，南极洲也可能存在着地球人制造的另一种 UFO。"

南极不冻湖

南极洲是人迹罕至的冰雪"荒原"，一向有"白色大陆"的称号。在南极，放眼望去，只见一片皑皑白雪。这片 1 400 万平方千米的土地，几乎被几百至几千米厚的坚冰所覆盖，零下五六十摄氏度的低温，使这里的一切几乎都失去了活力，丧失了原有的功能。在这里石油凝固成黑色的固体，在这里煤因为达不到燃点而变成了非燃物。然而，有趣的自然界却又向人们奇妙地展示出它那魔术般的本领：在这寒冷的世界里竟然神奇地存在着一个不冻湖。

不冻湖现象

科学家们发现的这个不冻湖，面积大约两千五百多平方千米，最

深处达到 66 米，湖底水温高达 25℃，盐类含量是海水的 6 倍还多，湖水遭到了很严重的污染，并有间歇泉涌出水面。科学家们在这个湖的周围进行了考察，发现在它附近并没有类似于火山活动的地质现象。为此科学家们对于存在于这酷寒地带的不冻湖也感到莫名其妙。1960 年，日本学者分析测量资料后发现，该湖表面薄冰层下的水温大约为 0℃。随着深度的增加，水温也不断升高。到 16 米深的地方，水温升到 7.7℃，这个温度一直稳定地保持到 40 米深处；到 40 米以下，水温缓慢升高；至 50 米深处水温升高的幅度突然加大；至 66 米深的湖底，水温居然高达 25℃，与夏季东海表面水温相差不多。这个奇怪的现象一经揭示，引起科学家们的极大兴趣，他们对此进行了仔细考察，提出了各种各样的看法。

不冻湖存在的原因

有的科学家提出这是气压和温度在特殊条件下交织在一起的结果。持这一观点的人指出：在三千多米的冰层下，压力可达到 278 个大气压，在这样强大的压力下，大地释放出的热量比普通状态下释放出的热量多，而且冰在 2℃ 左右就会融化。另外，冰层还像个大地毯，

阻止了热量的散发，使得大地释放出的热量得以大量积存，这样的南极大陆会有大量的冰得以融化，汇集到低洼处聚成一汪湖水。另外一些科学家则认为：在南极的冰层下，极有可能存在着一个由外星人建造的秘密基地，是他们在基地散发的热能将这里的冰融化了；还有的科学家坚持：这是个温水湖，很有可能是水下的大温泉把这里的水温提高了，将冰融化。可有些人反驳说：如果这里有温泉水不断流进湖里，为什么湖上冰冠没有一点融化的迹象呢？